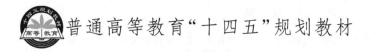

普通高等教育"十四五"规划教材

化工原理实验

主　编：黄　雪

副主编：冯茜丹

中国石化出版社

·北京·

内 容 提 要

本书主要内容包括绪论、7个核心实验(综合流体流动阻力实验、离心泵性能测定实验、恒压过滤实验、综合传热实验、填料塔吸收与解吸实验、筛板精馏塔分离实验、循环风洞道干燥实验)和1个综合演示实验(流体流动综合演示实验),并辅以实验室基本安全知识、实验常见故障等内容。

本书以处理实际工程问题为导向,通过实验研究方法的贯穿应用,强化学生的动手能力和问题解决能力,注重培养学生的科研思维、创新思维及数据分析能力。本书可作为高等院校化工、环境、材料、生物化工、制药、石油、能源化工、轻工类及相关专业本科生的化工原理实验课的实验教学用书。同时,也可供相关领域的科研、生产技术人员参考。

图书在版编目(CIP)数据

化工原理实验 / 黄雪主编;冯茜丹副主编.
北京:中国石化出版社,2025.2. —ISBN 978-7
-5114-7702-6

Ⅰ. TQ02-33

中国国家版本馆 CIP 数据核字第 2024GH2938 号

中国石化出版社出版发行

地址:北京市东城区安定门外大街 58 号
邮编:100011   电话:(010)57512500
发行部电话:(010)57512575
http://www.sinopec-press.com
E-mail:press@ sinopec.com
宝蕾元仁浩(天津)印刷有限公司印刷
全国各地新华书店经销

*

787 毫米×1092 毫米 16 开本 8.5 印张 188 千字
2025 年 2 月第 1 版   2025 年 2 月第 1 次印刷
定价:29.00 元

前言

在化工及其相关专业的教育体系中，化工原理实验作为一门深度融合工程特点的专业技术基础实验课程，不仅是连接理论知识与实际操作的重要桥梁，更是锻造学生工程素养、激发创新思维、强化综合实践能力的重要平台。

本课程聚焦于多元化、系统化的单元操作实验，通过精心设计的实验方案，将复杂的物理化学现象和机械运作原理"搬进"实验室，为学生搭建起一座从理论到实践、从观察到验证、从理解到创新的全方位探索平台。书中的主体内容基本遵循了《化工原理》教材的内容顺序，概括了大部分的化工单元操作实验，主要包括8个实验：流体流动综合演示实验、综合流体流动阻力实验、离心泵性能测定实验、恒压过滤实验、综合传热实验、填料塔吸收与解吸实验、筛板精馏塔分离实验和循环风洞道干燥实验。通过这一系列实验，全方位锻炼学生的设备操作能力，深化其对化工原理理论知识的理解，并培养其在团队合作、数据处理及解决问题方面的综合能力。

全书共8章，是仲恺农业工程学院化工原理实验室教学经验的总结，黄雪为主编，冯茜丹为副主编，仲恺农业工程学院化工原理实验室的其他所有教师参与了讨论与部分内容的编写。各章执笔者如下：绪论，黄雪；第1章和第2章，冯茜丹；第3章和第4章，郝丽；第5章，黄雪；第6章和第7章，胡福田；第8章，黄雪；附录，王红蕾。本书由黄雪进行了统稿和修改。

本书编写过程中广泛借鉴了国内多所院校的优质教材资源，在此向所有相关教材的作者致以崇高的敬意和衷心的感谢。成书过程中，还得到了仲恺农业工程学院教务部的立项资助，特此致谢。

由于编者自身的学识有限，书中难免存在不足之处，诚心希望广大读者及同行专家不吝赐教，以助修正。

编者
2024 年 8 月

目录

绪　　论

0.1　化工原理实验课程的特点

化工原理实验属于工程实验范畴，用自然科学的基本原理和工程实验方法来解决化工及相关领域的实际工程问题，具体特点如下。

（1）与整体教学环节的衔接

化工原理实验与化工原理的理论教学、化工原理课程设计等教学环节相互衔接，构成闭环的课程群。课堂教学为学生提供了理论知识的框架，实验则是这些理论知识的实践验证和应用场所，课程设计则进一步将实验与实际应用相结合，培养学生的综合能力和创新思维。这三者共同构成了一个有机整体，为学生提供了从理论到实践再到应用的完整学习路径。

（2）实验的工程性

化工原理实验具有显著的工程性特点，与基础课实验存在显著差异。其以复杂的化工过程为研究对象，强调工程性思维和解决工程问题的方法论；实验设备通常模拟实际化工设备，规模较大且结构复杂；每个实验都相当于化工生产中的一个基本单元操作，其实验结果对于理解和优化化工单元操作的设备设计、操作条件等具有直接且重要的指导意义。

（3）实验在化工过程理解中的重要性

由于化工过程的复杂性和多样性，许多工程因素的影响难以通过单纯的理论分析来完全解释清楚。因此，实验成为理解和优化化工过程的重要手段。通过实验，学生可以直观地观察到各种现象和规律，验证理论知识的正确性，发现新的问题和提出解决方案。这种实践经验的积累对于提高学生的专业素养和解决实际问题的能力至关重要。

（4）对学生能力的培养

化工原理实验不仅有助于巩固学生的理论知识，更重要的是能够培养他们的实验技能、数据处理能力、问题解决能力和创新思维。在实验过程中，学生需要学会如何操作复杂的实验设备、如何准确地采集和处理数据、如何分析和解释实验结果，并尝试提出改进和优化方案。这些能力的培养对于学生未来的学习和工作都具有重要的意义。

0.2　教学目的

通过化工原理实验的学习应达到如下教学目的。

① 培养分析与解决问题能力。学生通过设计实验流程、选择装置和确定实验步骤，提升运用知识解决实际问题的能力。

② 掌握实验技能。学生通过实践操作和仪器使用，掌握工程实验的基本方法和技巧，提高动手能力。

③ 巩固理论知识。熟悉单元操作原理、设备的结构和性能，验证理论知识，强化化工原理中的基本概念和理论，培养学生理论联系实际的能力。

④ 提升观察与数据分析能力。培养学生对实验现象的敏锐观察力，正确获取和分析实验数据的能力，发现问题并分析原因。

⑤ 培养科研能力。学会归纳实验结果，撰写实验报告，培养科学研究的基本素养。

⑥ 塑造科学态度。强调认真严谨的科学态度和实事求是的工作作风，培养职业道德和科学精神。

0.3　化工原理实验的教学内容

化工原理实验主要包括实验规范与安全和实验教学两大部分。

（1）实验规范与安全

主要包括实验基本要求、实验预习、实验报告的撰写和实验基本安全知识。

（2）实验教学

按照《普通高等学校本科专业类教学质量国家标准》要求，化工原理实验需要设置流体流动实验装置、传热实验装置、传质与分离实验装置。为了适应不同专业、不同层次的教学要求，本教材共编写了两类实验。

1）化工原理基本实验：

① 流体流动与输送：涵盖流体流动阻力测定、离心泵性能测定、流量计标定、过滤实验等，理解流体流动的基本规律。

② 传热与传质：包括传热实验、精馏塔分离实验、填料塔吸收与解吸实验和干燥实验等，学习热量与质量传递的基本原理。

2）化工原理演示实验：

① 流动现象：如雷诺实验、伯努利方程实验。

② 设备性能展示：填料塔流体力学性能演示实验。

原全国化工原理教学指导委员会建议，化工原理实验的课时为 30~60 学时，大致可安排 6~12 个不同类型的实验。针对不同专业、不同层次的教学对象，可对实验教学内容进行组合调整。

0.4　化工原理实验的教学环节

化工原理实验的教学旨在全面促进学生的能力与素质培养。涵盖实验理论教学、实验前预习、实验操作实践、实验报告撰写以及实验考核等多个关键环节。为了强化学生的自主学习与探索精神，整个实验教学过程中，坚持采用启发式、讨论式、研究式及交互式的教学模式，旨在激发学生的主动性，确保学生不再是知识的被动接受者，而是主动参与者与探索者。

实验以小组形式进行，每组人数控制在 3~4 人，这样的设置既有利于团队协作，又能确保每位学生都能积极参与，充分发挥个人专长与团队协作能力。通过小组合作，学生能够在相互交流与讨论中深化理解，共同解决问题，从而培养出良好的沟通协作能力与创新思维。

0.5 实验预习的要求

为确保化工原理实验的顺利进行与安全性，实验前的充分预习至关重要，要求学生对实验内容有全面而深入的理解。预习应聚焦于以下几个核心方面：

① 理论基础与实验目的明确。细致研读实验指导书、相关理论教材及参考书籍，清晰把握实验的目标、任务与具体要求。通过分析实验背后的理论支撑，深刻理解实验设计的逻辑与意义，为后续操作奠定坚实的理论基础。同时，要明确实验中需测量的关键数据，并初步规划实验方案，确保实验路径的清晰与合理。

② 实验装置与流程熟悉。详细了解实际的实验装置的结构、流程及测控点布局。熟悉设备与仪表的型号、功能、启动与停止程序，以及调节技巧。掌握操作要点与安全注意事项，确保在实验过程中能够准确、安全地控制实验条件。

③ 数据规划与预估。基于实验目的与理论分析，初步设定被测参数的数据范围与采集间隔，以精准捕捉参数间的动态变化规律。同时，对实验数据可能呈现的趋势进行合理预估，为后续数据处理与分析提供指导。

④ 预习报告撰写。撰写详尽的预习报告，系统总结实验目的、任务、原理、装置流程、操作步骤及注意事项等内容。实验前设计好原始数据记录表，确保所有物理量的名称、符号及单位均准确无误，为实验数据的准确记录与分析奠定坚实基础。

0.6 实验过程中的注意事项

① 预检设备。实验启动前，务必全面检查实验装置、仪器仪表及运转设备(如电机、风机、泵)的完好性，确保所有阀门(特别是回路阀与旁路阀)处于正确状态，即应开则开，应闭则闭，确认无误后方可进行操作。

② 监控调节。实验过程中，需紧密关注仪表示数的动态变化，适时调节以维持实验条件在预设范围内。条件变动后，耐心等待系统稳定，避免因过早测量导致的误差，同时注意仪表的滞后效应。

③ 细致观察。实验中切勿只顾埋头操作和读数而忽视对实验现象的观察，实验现象是揭示过程内在机制与规律的关键线索。

④ 异常处理。面对实验中的异常现象或数据偏差，应如实记录于数据表中，小组成员应与教师共同探讨其成因，积极寻找解决方案或进行合理分析，培养问题解决能力与批判性思维能力。

⑤ 数据记录。认真记录原始数据，确保数据记录的准确性、清晰度和完整性。记录时，需真实反映仪表精度，通常应记录至最小分度以下一位数，同时标注物理量的名称、符号及单位，完成后及时复核，避免错漏。

⑥ 安全收尾。实验结束后，经教师审核数据无误，方可按规程关闭流量计、仪器设备

及总电源，并清理实验现场，保持环境整洁，安全有序离开。

0.7　实验报告的书写

实验报告作为实验工作的全面总结与系统呈现，不仅是评估实验成效与对象特性的关键依据，也是撰写科技论文及规划科研工作的基石。这一过程不仅要求准确记录实验细节，还强调对数据的科学处理与深入分析，旨在揭示客观规律与内在联系。对于理工科学生而言，撰写实验报告不仅是实验过程中不可或缺的一环，更是培养科研素养与论文撰写能力的重要途径。

为便于整理和保存，本书通过附录形式给出完整实验报告册，每个实验包含实验目的、实验任务、实验原理、实验装置、实验方法及步骤、实验注意事项、实验数据记录与处理、实验数据处理过程、实验绘图、结果分析与总结和思考题。

① 实验目的。简明阐述实验动因、亟待解决的问题，条理清晰地列出实验目标，为后续操作与分析奠定方向。

② 实验任务。让学生全面了解并执行实验过程。

③ 实验原理。精确概述实验所依据的基本理论、关键概念、重要定律及公式，确保理论基础扎实，为后续数据分析提供支撑。

④ 实验装置。实验装置示意图已给出，并给出仪表及其编号，便于读者理解实验流程。

⑤ 实验方法与步骤。按时间顺序详细描述实验操作步骤，区分不同参数调节阶段，确保实验顺利进行。

⑥ 实验注意事项。为确保实验顺利进行强调安全操作要点，预防潜在风险，明晰实验过程中需要注意的事项。

⑦ 实验数据记录。准确记录实验过程中从测量仪表读取的数据，遵循仪表精度确定有效数字位数，保持数据记录的原始性与准确性，必要时作为附录附于报告之后。

⑧ 数据整理与处理。数据整理与处理是实验分析中至关重要的一步，它涉及将原始数据系统化、条理化，通过计算示例详述数据处理过程，确保结果可追溯。

⑨ 实验绘图。将数据分析结果以图形化方式呈现，能够直观展示数据的变化趋势、分布特征及变量间的关系，便于理解和交流。

⑩ 结果分析与总结。深入分析实验结果，从理论角度解释实验现象的必然性，探讨异常现象原因，评估误差来源与改进措施，探讨实验成果在生产实践中的实际应用价值及未来研究方向，展现实验的理论深度与前瞻性。

⑪ 思考题。帮助学生更深入地理解实验原理和操作步骤，加强理论知识与实验操作之间的联系，并通过数据分析，锻炼学生的问题诊断能力和解决问题的能力。

1 流体流动综合演示实验

流体流动综合演示实验将雷诺实验和能量转换实验有机地结合在一起，可以较全面地展示和验证流体流动的相关理论，形象直观。为便于叙述和指导操作，将分别介绍。

1.1 雷诺实验

1.1.1 实验目的

① 观察流体在圆管内流动过程中的速度分布，并测定出不同流动型态对应的雷诺数。
② 通过观察实验现象，认识不同流动型态的特点，掌握判别流型的准则。

1.1.2 实验任务

通过控制水的流量，观察管内红线的流动型态来理解流体质点的流动状态，并分别记录不同流动型态下的流体流量值，计算出相应的雷诺数。

1.1.3 实验原理

流体在圆管内有两种不同的型态，即层流与湍流。流体做层流流动时，其流体质点做平行于管轴的直线运动，湍流时流体质点在沿管轴流动的同时还做着杂乱无章的随机运动。

雷诺数(Re)是判断流动型态的特征数。一般认为，$Re<2000$ 时，流动型态为层流，具体示意见图 1-1；$Re>4000$ 时，流动型态为湍流，具体示意见图 1-2(a)；雷诺数在两者之间时，有时为层流，有时为湍流，流型不确定，与环境条件有关，具体示意见图 1-2(b)。

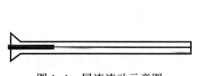

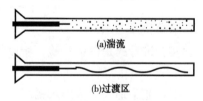

图 1-1 层流流动示意图　　　　图 1-2 湍流流动、过渡区示意图

本实验通过改变水在管内的流速，观察流体在管内的流动型态的变化，并通过测定不同流动状态下的 Re 来验证该理论的正确性。

$$Re = \frac{d_i u_i \rho_i}{\mu_i} \tag{1}$$

式中　d_i——管径，m；
　　　u_i——流体的流速，m/s；

μ_i——流体的黏度，$N \cdot s/m^2$；

ρ_i——流体的密度，kg/m^3。

流速 $$u_i = \frac{V_s}{A} \tag{2}$$

式中 V_s——流体的流量，m^3/s；

A——流体流经管道的截面积，m^2。

1.1.4 实验装置

流体流动综合演示实验装置主要设备及仪器规格、型号见表1-1，实验装置流程示意见图1-3。

表1-1 流体流动综合演示实验装置主要设备及仪器规格型号

序号	编号	设备名称	规格、型号
1	F1	转子流量计	LZB-15，40~400L/h
2	F2	转子流量计	LZB-25，60~600L/h
3		有机玻璃箱	长750mm×宽375mm×高500mm
4		实验管道有效长度	1000mm
5		实验管道	ϕ30mm×2.5mm
6	T1	温度传感器	Pt100
7		文丘里流量计	喉径ϕ10mm
8	L1	液位计	
9		离心泵	WB50/025
10		离心泵入口管路	ϕ32mm×1.5mm
11		离心泵出口管路	ϕ25mm×1.5mm
12	V1~V13	阀门	

1.1.5 实验方法及步骤

1. 实验前准备工作

① 本实验进行的是雷诺实验，所以将与其无关的阀门全部关闭，采用雷诺实验系统开启实验。

② 向下口瓶中加入适量用水稀释过的红墨水，作为实验用的示踪剂。观察针头位置是否处于实验管道中心线上，适当调整使针头处于实验管道的中心线上。

③ 关闭水流量控制阀、调节阀V12，打开上水阀V5，通过上水阀V5向高位水箱注水，使水充满水箱产生溢流，以保证高位槽内的液位恒定，并保持溢流状态的最小流量。

④ 轻轻开启放空阀V13排出管道气体，使实验管道充满水后关闭V13。

2. 雷诺实验

① 轻轻打开流量调节阀V11或V14，让水缓慢流过实验管路，使水的流动状态呈层流流动。

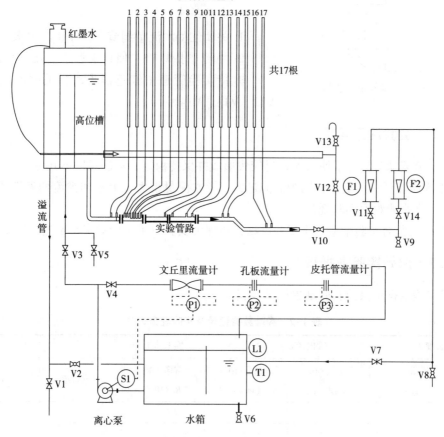

图 1-3 流体流动综合演示实验装置流程示意

T1—温度传感器；F1、F2—转子流量计；L1—液位计；P1、P2、P3—流量计压力表；V1—雷诺实验溢流下水阀；

V2、V7—回流水阀；V3—流量计实验上水阀、调节阀；V4—流量计实验控制阀、调节阀；

V5—雷诺实验高位槽上水阀；V6、V9—排水阀；V8-雷诺实验下水阀；V10—伯努利实验控制阀、调节阀；

V11、V14—流量调节阀；V12—雷诺实验控制阀、调节阀；V13—放空阀

② 缓慢地开启红墨水流量调节夹，此时管道中出现红水流束，随着水量的变化会看到红水流束呈现不同流动状态，红水流束所表现的状态就是当前水流量下实验管内水的流动状况（图 1-1、图 1-2），观测现象并读取记录流量数值。

③ 因进水和溢流造成的震动，有时会使实验管道中的红水流束偏离管内中心线或发生不同程度的左右摆动，此时可暂时关闭上水阀 V5，稳定一段时间即可看到实验管道中出现的与管道中心线重合的红色直线。

④ 逐步增大上水阀 V5 和流量调节阀 V12 的开度，在维持尽可能小的溢流量的情况下，提高实验管路中的水流量，观察实验管路中水的流动状况。同时记录流量计读数。阀门 V14 用来控制大流量，基本是完全湍流。

3. 圆管内流体速度分布演示实验

① 关闭上水阀 V5 和流量调节阀 V11、V14。

② 将红墨水流量调节夹打开，使红墨水滴落在不流动的实验管路中。

③ 突然打开流量调节阀 V11 或 V14，在实验管路中可以清晰看到红水线所形成的如

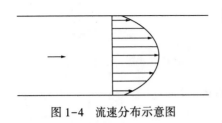

图 1-4所示的流体速度分布。

图 1-4 流速分布示意图

4. 实验结束

① 关闭红墨水流量调节夹，停止红墨水流动。

② 关闭上水阀 V5，使自来水停止流入水槽。

③ 待实验管道中红色消失时，关闭流量调节阀 V12、V11、V14。

1.1.6 实验注意事项

演示层流流动时，为了使层流状况较快形成并保持稳定，请注意以下几点：

① 水槽溢流量尽可能小，因为溢流过大，上水流量也大，上水和溢流两者造成的震动都比较大，会影响观察实验现象。

② 尽量避免对实验架造成干扰和震动，为保证实验效果，可对实验架进行固定。

1.1.7 原始实验数据表

雷诺实验数据记录及实验现象记录见表 1-2。

表 1-2 实验数据记录及实验现象记录

实验管道长度 $L=$		管内径 $d_i=$		实验水温 $t=$		
序号	流量 $V_s/$ (L/h)	流量 $V_s \times 10^5/$ (m³/s)	流速 $u \times 10^2/$ (m/s)	雷诺准数 $Re \times 10^{-3}$	观察现象	流型
1						
2						
...						

1.1.8 实验报告要求

将实验数据和数据整理结果列在数据表中，并以其中一组数据为例写出详细计算过程（组员间选取不同数据计算）。

1.1.9 思考题

① 流量的改变对雷诺数和实验现象有何影响？

② 影响流动型态的因素有哪些？用 Re 判断流动型态的意义何在？

1.2 能量转换(伯努利)实验

1.2.1 实验目的

① 演示流体在实验管内流动情况下静压能、动能、位能相互之间的转换关系，加深对伯努利方程的理解。

② 通过能量相互间的变化，了解流体在管内流动时其流体阻力的表现形式。

③ 观察流体流经扩大、收缩、位置高低等管段时，各压头的变化规律。

1.2.2 实验任务

① 测量流体流经扩大、收缩、位置高低等管段时的压头，并作分析比较。
② 测定管中水的平均流速和点 C、D 处的点流速，并作比较。

1.2.3 实验原理

1. 流体能量的形式

流体在流动时具有三种机械能，即位能、动能、静压能。这三种能量可以相互转换，当管路条件(如位置高低、管径大小)改变时它们会自行转化。如果是理想流体，因其不存在摩擦和碰撞而产生的机械能损失，因此在同一管路上的任意两个截面上，尽管三种机械能彼此不一定相等，但三种机械能的总和是相等的。

对实际流体来说，因为存在内摩擦，流动过程中会有一部分机械能因摩擦和碰撞而损失，即转化为热能。转化为热能的机械能在管路中无法恢复，因此，对实际流体来说，两个截面上的机械能总和是不相等的，两者之差就是流体在这两个截面之间因摩擦和碰撞转化成为热能形式的机械能，即机械能损失。

2. 液体柱高度表示流体机械能

流体机械能可用测压管中的一段液体柱的高度来表示。在流体力学中，把表示各种机械能的流体柱高度称为"压头"。表示位能的称为位压头，表示动能的称为动压头，表示压力能的称为静压头，表示已消失的机械能的称为损失压头。

当测压管上的小孔(即测压孔的中心线)与水流方向垂直时，测压管内的液位高度即为静压头，它反映测压点处液体的压强大小。测压孔处液体的位压头则由测压孔的几何高度决定。

当测压孔由上述方位转为正对水流方向时，测压管内液位将因此上升，所增加的液位高度即为测压孔处液体的动压头，它反映出该点水流动能的大小。这时测压管内液位总高度为静压头与动压头之和。

任意两个截面上，位压头、动压头、静压头三者总和之差即为损失压头，它表示流体流过这两个截面之间的机械能的损失。随着实验测试管路结构与水平位置的变化及水流量的改变，可以直观地看到静压头、动压头的变化情况，且它们是有规律的变化，这个规律符合伯努利方程，从而验证伯努利方程。

本实验在实验管路中沿管内水流方向取 n 个过水断面，运用不可压缩流体沿流线作稳态流动的伯努利方程，可以列出进口附近断面(1)至另一缓变流断面(i)的伯努利方程：

$$gz_1+\frac{p_1}{\rho}+\frac{u_1^2}{2}=gz_i+\frac{p_i}{\rho}+\frac{u_i^2}{2}+h_{\mathrm{w}1-i} \tag{3}$$

式中　　i——2, 3, 4, …, n;

　　gz_1、gz_i——单位质量流体的位能，J/kg;

　　p_1/ρ、p_i/ρ——单位质量流体的压力能，J/kg;

　　$u_1^2/2$、$u_i^2/2$——单位质量流体的动能，J/kg;

h_{w1-i}——从断面 1 流到断面 i 引起的能量损失，J/kg。

选好基准面，从断面处已设置的静压测管中读出测管水头 $gz+\dfrac{p}{\rho}$ 的值；通过测量管路的流量，计算出各断面的平均流速 u 和 $\dfrac{u^2}{2}$ 的值，最后即可得到各断面的总水头 $gz+\dfrac{p}{\rho}+\dfrac{u^2}{2}$ 的值。

1.2.4 实验装置

实验装置流程示意见图 1-3，具体管路见图 1-5。

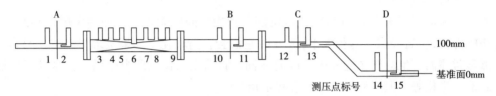

图 1-5 实验装置具体管路

1.2.5 实验方法及步骤

1. 实验前准备工作

① 实验开始前，应检查并将雷诺实验的控制阀门全部关闭，启动能量转化演示系统。

② 向水箱中加入 3/4 体积蒸馏水，关闭上水阀 V3、V5 和回流水阀 V2。

③ 实验装置接通电源。

2. 能量转换测定实验

① 启动离心泵，将实验管路上的流量调节阀 V3 全部打开，通过流量计实验上水阀 V3 向高位水箱注水，逐步增大离心泵出口流量使水充满水箱，高位槽溢流管中有水溢流，以保证高位槽内的液位恒定。

② 缓慢打开伯努利实验控制阀 V10，流量调节阀 V11、V14，调整并保持溢流状态的最小流量，待流体稳定后观察并读取各测压管的液柱高度。

③ 逐步关小流量调节阀 V10，改变流量，观察同一测量点及不同测量点每个测压管液位的变化并记录数据。

3. 实验结束

先关闭上水阀 V3 和回流水阀 V2 后，再关闭离心泵，实验结束关闭总电源，一切复原。

1.2.6 实验注意事项

① 离心泵出口上水阀不要开得过大，以避免水从高位槽冲出，导致高位槽液面不稳定。

② 调节水流量时，注意观察高位槽内水面是否稳定，随时调整水量保持实验正常进行。

③ 减小水流量时操作也要缓慢，以避免水量突然减小使测压管中的水溢出管外。

④ 必须排除实验管路和测压管内的空气泡，保证实验现象和数据的真实可靠。

⑤ 避免离心泵空转或离心泵在出口阀门全关的条件下工作。

1.2.7 原始实验数据表

能量转换实验数据记录及处理结果见表1-3。

表1-3　能量转换实验数据记录及处理结果

A 截面直径 d_A =　　　 mm；B 截面直径 d_B =　　　 mm；

C、D 截面直径 $d_C = d_D$ =　　　 mm；A 截面和 D 截面间垂直距离 L =　　　 mm；

D 截面中心距基准面为 z_D =　　　 mm；A、B、C 截面中心距基准面为 $z_A = z_B = z_C$ =　　　 mm。

序号	冲压头/静压头	流量 V_s =		流量 V_s =		流量 V_s =	
		压强测量值 z/mmH_2O	压头 P/mmH_2O	压强测量值 z/mmH_2O	压头 P/mmH_2O	压强测量值 z/mmH_2O	压头 P/mmH_2O
1							
2							
…							

A、B、C、D 四个截面的水柱高度随阀门开度变化情况见表1-4。

表1-4　A、B、C、D 四个截面的水柱高度随阀门开度变化情况

阀门操作	水柱高度	A 截面		B 截面		C 截面		D 截面	
		A_1	A_2	B_{10}	B_{11}	C_{12}	C_{13}	D_{14}	D_{15}
全开阀门	h_1								
关小阀门	h_2								
再关小阀门	h_3								
全关阀门	h_4								

1.2.8 实验报告要求

1）将实验数据和数据处理结果列在数据表中，并以其中一组数据为例写出详细计算过程（组员间选取不同数据计算）：

需计算内容：

① 冲压头计算分析。

② 截面间静压头分析（同一水平面处静压头变化）。

③ 截面间静压头分析（不同水平面处静压头变化）。

④ 压头损失计算。

⑤ 文丘里测量段分析结论。

2）作图并讨论实验结果。

1.2.9 思考题

1）全开阀门时水柱高度 h_1：

① 为什么 $h_{1_{A_1}} > h_{1_{A_2}}$，$h_{1_{B_{10}}} > h_{1_{B_{11}}}$，$h_{1_{C_{12}}} > h_{1_{C_{13}}}$，$h_{1_{D_{14}}} > h_{1_{D_{15}}}$？

② 为什么 $h_{1_{A_1}} > h_{1_{B_{10}}}$，$h_{1_{B_{10}}} > h_{1_{C_{12}}}$，$h_{1_{C_{12}}} > h_{1_{D_{14}}}$？

③ A、B、C、D 四个截面上的水柱高度差，截面 ΔA（即 $h_{1_{A_1}} - h_{1_{A_2}}$）、$\Delta B$（即 $h_{1_{B_{10}}} - h_{1_{B_{11}}}$）的意义是什么？在同一流量下，$\Delta A$ 与 ΔB 哪个大，为什么？

④ 在同一流量下，ΔA 与 ΔC（即 $h_{1_{C_{12}}} - h_{1_{C_{13}}}$）是否相等，为什么？

2）全关阀门时水柱高度 h_4：

① 各点是否同高，为什么，意义是什么？

② 比较 C、D 两点的静压头，哪个大？

3）同一个流量下，各个截面的机械能分布如何？为什么？每个截面的机械能如何转化？

4）随着流量变化，各个截面的高度变化如何？各个截面机械能分布如何变化？为什么？

2　综合流体流动阻力实验

2.1　实验目的

① 熟悉流体流动管路测量系统，了解组成管路中各个部件、阀门的作用。

② 学习压差测量仪表的使用方法。

③ 学习流体流动阻力、直管阻力压强降 ΔP_f、直管摩擦系数 λ 的测定方法，掌握直管摩擦系数 λ 与雷诺数 Re 和相对粗糙度 ε/d 之间的关系及变化规律。

④ 掌握流体流经管件的局部阻力压强降 $\Delta P'_f$、局部阻力系数 ζ 的测定方法。

⑤ 掌握对数坐标系的使用方法。

2.2　实验任务

① 测定实验管路内流体流动的阻力和直管摩擦系数 λ，绘制直管摩擦系数 λ 与雷诺数 Re 和相对粗糙度 ε/d 之间的关系曲线。

要求：将 λ 与 Re 在层流区、过渡区和湍流区三个流动区间的关系标绘在同一张双对数坐标纸上。光滑管和粗糙管测定的曲线标绘在一张坐标纸上，便于对比。

② 在最大流量下阀门全开、半开时，测定管路部件局部摩擦阻力 $\Delta P'_f$ 和局部阻力系数 ζ。

2.3　实验原理

1. 直管摩擦系数 λ 与雷诺数 Re 关系测定

流体在管路中流动时，由于黏性剪切力和涡流的作用，不可避免地消耗一定的机械能。流体在直管中流动的机械能损失称为直管阻力，直管阻力的大小与管长、管径、流体流速和直管摩擦系数有关。

直管摩擦系数是雷诺数和相对粗糙度的函数，即 $\lambda = f(Re, \varepsilon/d)$，对一定的相对粗糙度而言，$\lambda = f(Re)$。

流体在一定长度等直径的水平圆管内流动时，其管路阻力引起的能量损失为：

$$h_f = \frac{P_1 - P_2}{\rho} = \frac{\Delta P_f}{\rho} \tag{1}$$

又因为摩擦阻力系数与阻力损失之间有如下关系(范宁公式)：

$$h_{\mathrm{f}} = \frac{\Delta P_{\mathrm{f}}}{\rho} = \lambda \frac{l}{d} \frac{u^2}{2} \tag{2}$$

整理式(1)和式(2)得：

$$\lambda = \frac{2d}{\rho \cdot l} \cdot \frac{\Delta P_{\mathrm{f}}}{u^2} \tag{3}$$

$$Re = \frac{d \cdot u \cdot \rho}{\mu} \tag{4}$$

式中 d——管径，m；

       l——管长，m；

       u——流速，m/s；

   ΔP_{f}——直管阻力引起的压强降，Pa；

       ρ——流体的密度，kg/m^3；

       μ——流体的黏度，N·s/m^2。

在实验装置中，直管段管长 l 和管径 d 都已固定。若水温一定，则水的密度 ρ 和黏度 μ 也是定值。所以本实验实质上是测定直管段流体阻力引起的压强降 ΔP_{f} 与流速 u（或流量 V_{s}）之间的关系。

根据实验数据和式(3)可计算出不同流速下的直管摩擦系数 λ，用式(4)计算对应的 Re，整理出直管摩擦系数和雷诺数的关系，绘出 λ 与 Re 的关系曲线。

2. 局部阻力系数 ζ 测定

$$h'_{\mathrm{f}} = \frac{\Delta P'_{\mathrm{f}}}{\rho} = \zeta \frac{u^2}{2} \quad \zeta = \left(\frac{2}{\rho} \right) \cdot \frac{\Delta P'_{\mathrm{f}}}{u^2}$$

式中 ζ——局部阻力系数，量纲为1；

   $\Delta P'_{\mathrm{f}}$——局部阻力引起的压强降，Pa；

       ρ——流体的密度，kg/m^3；

       u——流速，m/s；

   h'_{f}——局部阻力引起的能量损失，J/kg。

测定局部阻力系数的关键是要测出局部阻力引起的压强降 $\Delta P'_{\mathrm{f}}$。在一条各处直径相等的直管段上，安装待测局部阻力的阀门，在上、下游各开两对测压口 a-a' 和 b-b'，如图 2-1 所示，使 $ab = bc$，$a'b' = b'c'$，则：

$$\Delta P_{\mathrm{f},ab} = \Delta P_{\mathrm{f},bc} \qquad \Delta P_{\mathrm{f},a'b'} = \Delta P_{\mathrm{f},b'c'}$$

在 a-a' 之间列伯努利方程式：

$$P_a - P_{a'} = 2\Delta P_{\mathrm{f},ab} + 2\Delta P_{\mathrm{f},a'b'} + \Delta P'_{\mathrm{f}} \tag{5}$$

在 b-b' 之间列伯努利方程式：

$$P_b - P_{b'} = \Delta P_{\mathrm{f},bc} + \Delta P_{\mathrm{f},b'c'} + \Delta P'_{\mathrm{f}} = \Delta P_{\mathrm{f},ab} + \Delta P_{\mathrm{f},a'b'} + \Delta P'_{\mathrm{f}} \tag{6}$$

联立式(5)和式(6)，可得：

$$\Delta P'_{\mathrm{f}} = 2(P_b - P_{b'}) - (P_a - P_{a'}) \tag{7}$$

为了实验方便，称 $(P_b - P_{b'})$ 为近点压差，称 $(P_a - P_{a'})$ 为远点压差。其数值用差压传感器或 U 形管压差计来测量。

图 2-1　局部阻力测量取压口布置图

2.4　实验装置

综合流体阻力实验装置流程示意见图 2-2，主要由储水槽、离心泵、不同粗糙度的直管、各种阀门和管件、流量计、压差计、温度计等组成。实验装置触摸屏控制面板示意如图 2-3 所示。实验设备中主要设备及仪器的规格、型号说明见表 2-1。

表 2-1　实验装置主要设备及仪器规格、型号

序号	位号	名　　称	规格、型号
1		离心泵	WB70/055
2	V01	水箱	长 780mm×宽 420mm×高 500mm
3		缓冲罐	不锈钢 304，ϕ51mm
4	F1	涡轮流量计	LWGY-40，20m³/h
5	F2	文丘里流量计	不锈钢 304
6	F3	金属浮子流量计	DN25，100~1000L/h
7	S1	变频器	E310-401-H3BCDC(0.75kW)
8	MV1	电动球阀 MV1	DN40
9	MV2、MV3	电动开关球阀 MV2、MV3	DN15
10	T1	温度传感器	PT100 温度计
11	P1	压差传感器	压差，0~200kPa
12	P2	压力传感器	压力，0~600kPa
13	P3	压力传感器	压力，-100~60kPa
14	P4	出口压力表	Y-100，0~0.25MPa
15	P5	入口真空表	Y-100，-0.1~0MPa
16	P6	压差传感器	压差，0~200kPa
17		接触器 KM	CJX2-1801-220V 线圈
18		继电器	双路，24V 线圈
19		红按钮	点触式，带灯
20		绿按钮	点触式，带灯
21		电线	5×2.5 黑胶皮线
22		数据转接块	USR-DR302；485 转网口
23		开关电源	HDR-30-24
24		变压器	交流 24V

序号	位号	名　称	规格、型号
25		PLC	西门子 CPU ST20
26		触摸屏	戴尔（DELL）
27		光滑直管阻力实验管路	$\phi10mm\times2mm$，$L=1.70m$
28		粗糙直管阻力实验管路	$\phi12mm\times2mm$，$L=1.70m$
29		局部阻力实验管路	$\phi25mm\times2.0mm$
30		离心泵入口管路	$\phi45mm\times2.0mm$
31		离心泵出口管路	$\phi45mm\times2.0mm$
32		离心泵入口与出口压力表之间距离	$H=325mm$

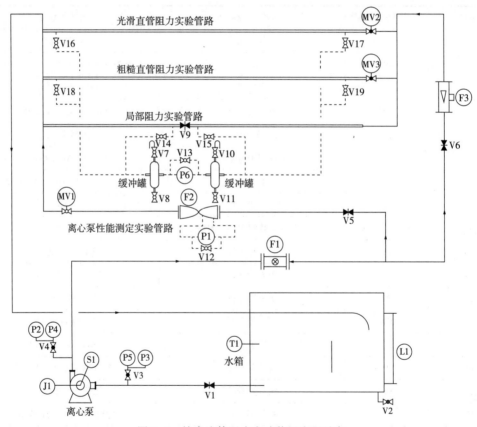

图 2-2　综合流体阻力实验装置流程示意

F1—涡轮流量计；F2—文丘里流量计；F3—金属浮子流量计；P1—文丘里流量计压差传感器；P2—离心泵出口压力传感器；

P3—离心泵入口压力传感器；P4—离心泵出口压力表；P5—离心泵入口真空表；P6—压差传感器；

T1—水箱温度传感器；J1—功率变送器；S1—变频器；V1—泵入口阀；V2—水箱放水阀；V3—泵入口压力表导压阀；

V4—泵出口压力表导压阀；V5、V6—流量调节阀；V7、V10—放空阀；V8、V11—缓冲罐放水阀；

V9—局部阻力管路被测阀门；V12—文丘里流量计导压阀；V13—压差传感器导压阀；

V14、V15—局部阻力被测阀门压差导压阀；V16、V17—光滑管压差导压阀；V18、V19—粗糙管压差导压阀；

MV1—电动球阀；MV2—光滑管电动开关球阀；MV3—粗糙管电动开关球阀；L1—液位计

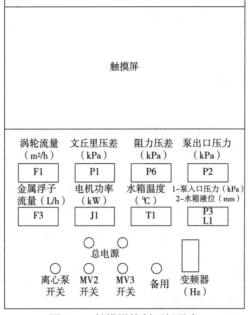

图 2-3　触摸屏控制面板示意

2.5　实验方法及步骤

1. 实验前准备工作

① 向水箱内注入蒸馏水(或者去离子水)至水箱 3/4 处。

② 了解每个阀门的作用,检查各阀门是否处于正常的开关状态,除阀门 V1 打开,其余阀门均关闭。

③ 实验装置接通电源。

2. 流体阻力测定实验

(1) 光滑管阻力测定实验

① 首先开启光滑管电动开关球阀 MV2,打开光滑管压差导压阀 V16 和 V17,通过流量调节阀 V6 调节管路流量,待系统内流体稳定后,读取并记录 F3 流量和 P6 压差数据。

② 在流量变化范围内,一般测取 15~20 组数据。

③ 数据测量完毕后,关闭流量调节阀 V6,关闭水泵,读取水温并记录。

(2) 粗糙管阻力测定实验

实验方法及测定步骤与光滑管相同。打开粗糙管相应阀门 MV3、V18 和 V19。

(3) 局部阻力测定实验

① 打开局部阻力管路被测阀门 V9、被测阀门压差导压阀 V14 和 V15,待系统内流体稳定后读取并记录 F3 流量和 P6 压差数据。

② 测取 3~5 组数据即可。

③ 实验结束后,读取水温并记录。

3. 实验结束后

实验数据测取完毕后,将流量计的调节阀 V6 调到最小,然后关闭阀门 V1 以外的所有阀门，关闭离心泵开关，关闭总电源，一切复原。

需要说明的是，该实验既可以手动调节流量进行，也可以用 MV1 电动球阀调节，通过触摸屏控制来完成。

2.6 实验注意事项

① 实验前要仔细阅读数字仪表操作方法说明书，待熟悉其性能和使用方法后再开始操作。

② 启动离心泵之前，以及从光滑管阻力测量过渡到其他项目测量之前，必须确认流量调节阀是关闭的。

③ 压差传感器 P6 可测量多个压差，一定要注意导压阀的开关状态是否正确。

④ 实验前记录仪表的初始值；实验过程中，每改变一个流量值后，需要待流量和直管压降的数据稳定了方可记录数据。注意：测取数据时，应在满量程范围内取点，并注意间隔分布。

⑤ 离心泵启动前，确保阀门 V1 打开，避免离心泵空转，确保调节阀 V5 和 V6 是关闭的，避免离心泵启动时电流过大损坏电机。

⑥ 实验用水要保证洁净，以免影响涡轮流量计运行和使用寿命。

⑦ 若较长时间未使用该装置，启动离心泵时应先盘轴转动以免烧坏电机。

⑧ 该装置电路采用五线三相制配电，实验设备应良好接地。

⑨ 变频器范围 0~50Hz，改变变频器频率不得超过 50Hz，否则数据无效。

⑩ 因水温随实验的进行而变化，因此每项任务开始和结束时都要测水温。

2.7 原始实验数据表

光滑管、粗糙管和局部管件流体阻力测定实验数据记录及处理结果见表 2-2~表 2-4。

表 2-2 光滑管流体阻力测定实验数据记录及处理结果

管径：	管长：		液体温度：	液体密度：	液体黏度：	
序号	流量 V_s/(L/h)	直管压强降 ΔP_f		ΔP_f/Pa	流速 u/(m/s)	雷诺数 $Re \times 10^{-4}$	直管摩擦系数 $\lambda \times 10^2$
		kPa	mmH$_2$O				
1							
2							
...							

表 2-3 粗糙管流体阻力测定实验数据记录及处理结果

管径：	管长：		液体温度：	液体密度：	液体黏度：	
序号	流量 V_s/(L/h)	直管压强降 ΔP_f		ΔP_f/Pa	流速 u/(m/s)	雷诺数 $Re \times 10^{-4}$	直管摩擦系数 $\lambda \times 10^2$
		kPa	mmH$_2$O				
1							
2							
...							

表 2-4 局部阻力测定实验数据记录及处理结果(阀门 V9 全开和半开)

管径:		液体温度:	液体密度:		液体黏度:	
序号	流量 $V_s/(\text{L/h})$	近点压强降 $\Delta P_{近}/\text{kPa}$	远点压强降 $\Delta P_{远}/\text{kPa}$	流速 $u/(\text{m/s})$	局部阻力压强降 $\Delta P'_f/\text{kPa}$	局部阻力系数 ζ
1						
2						
...						

2.8 实验报告要求

① 将实验数据和数据整理结果列在数据表中,并以其中一组数据为例写出详细计算过程(组员间选取不同数据计算)。

② 在双对数坐标纸上标绘光滑直管和粗糙直管的 $\lambda - Re$ 关系曲线。根据所标绘的 $\lambda - Re$ 曲线说明管路的相对粗糙度和雷诺数对摩擦系数的影响,论述所得结果的工程意义等。

③ 根据所标绘的 $\lambda - Re$ 关系曲线,求实验条件下层流区的 $\lambda - Re$ 关系式,并与理论公式进行比较。对实验数据进行必要的误差分析,评价一下数据和结果的误差,并分析其原因。

④ 在最大流量下阀门全开、半开时,计算管路部件局部阻力压强降 $\Delta P'_f$ 和局部阻力系数 ζ。

2.9 思考题

① 圆形直管内及导压管内可否有积存的空气?如有会有何影响?如何检验测试系统内的空气已经排除干净?

② 测压孔的大小和位置、测压导管的粗细和长短对实验有无影响?为什么?

③ 测定局部阻力时,上下游取压点的位置应设在何处?为什么?

④ 以水作介质所测得的 $\lambda - Re$ 关系能否适用于其他流体?如何应用?

⑤ 在不同设备上(包括不同管径),不同水温下测定的 $\lambda - Re$ 数据能否关联在同一条曲线上?为什么要将实验数据在对数坐标纸上标绘?

3 离心泵性能测定实验

3.1 实验目的

① 掌握离心泵特性曲线和管路特性曲线的测定方法、表示方法，加深对离心泵性能的了解。

② 掌握节流式流量计流量系数 C_0 的测定方法，并分析流量系数 C_0 随雷诺数 Re 的变化规律。

3.2 实验任务

① 熟悉离心泵的结构与操作方法。测定并绘制某型号离心泵在一定转速下的特性曲线。（必选）

② 测定并绘制流量调节阀某一开度下管路特性曲线。（必选）

③ 测定节流式流量计的流量系数 C_0，绘制流量标定曲线和 C_0-Re 关系曲线。（任选）

要求：用双对数和单对数坐标分别标绘压差 ΔP 与流量 Q、孔系数 C_0 与雷诺数 Re 的关系曲线。

3.3 实验原理

1. 离心泵特性曲线测定

离心泵是最常见的液体输送设备之一。在一定的型号和转速下，离心泵的扬程 H、轴功率 N 及效率 η 均随流量 Q 而改变。通常通过实验测出 H-Q、N-Q 及 η-Q 关系，并用曲线表示称为特性曲线。特性曲线是确定泵的适宜操作条件和选用泵的重要依据。泵特性曲线的具体测定方法如下：

（1）H 测定

在泵的吸入口和排出口之间列伯努利方程：

$$Z_{\text{入}}+\frac{P_{\text{入}}}{\rho g}+\frac{u_{\text{入}}^2}{2g}+H=Z_{\text{出}}+\frac{P_{\text{出}}}{\rho g}+\frac{u_{\text{出}}^2}{2g}+H_{f\text{入-出}} \tag{1}$$

$$H=(Z_{\text{出}}-Z_{\text{入}})+\frac{P_{\text{出}}-P_{\text{入}}}{\rho g}+\frac{u_{\text{出}}^2-u_{\text{入}}^2}{2g}+H_{f\text{入-出}} \tag{2}$$

式中 H——扬程，m；

$Z_入$——离心泵入口高度，m；

$Z_出$——离心泵出口高度，m；

$P_入$——离心泵入口真空表读数，Pa；

$P_出$——离心泵出口压力表读数，Pa；

$u_入$——离心泵入口液体流速，m/s；

$u_出$——离心泵出口液体流速，m/s；

ρ——流体密度，kg/m³；

g——重力加速度，取 $g=10$m²/s；

$H_{f入-出}$——泵的吸入口和排出口之间管路内的流体流动阻力。

与伯努利方程中其他项比较，$H_{f入-出}$ 值很小，故可忽略。于是式（2）变为：

$$H=(Z_出-Z_入)+\frac{P_出-P_入}{\rho g}+\frac{u_出^2-u_入^2}{2g} \tag{3}$$

将测得的 $(Z_出-Z_入)$ 和 $(P_出-P_入)$ 值以及计算所得的 $u_入$、$u_出$ 值代入式（3），即可求得 H。

（2）N 测定

离心泵的轴功率 N 是泵轴所需要的功率，也就是电动机传给泵轴的功率。电动机的输出功率等于泵的轴功率。用功率表测得的功率为电动机的输入功率。即

泵的轴功率 N = 电动机的输出功率（kW）

电动机输出功率 = 电动机输入功率 × 电动机效率（kW）

泵的轴功率 = 功率表读数 × 电动机效率（kW）

电动机效率 $\eta=60\%$

（3）η 测定

$$\eta=\frac{N_e}{N} \tag{4}$$

$$N_e=\frac{HQ\rho g}{1000}=\frac{HQ\rho}{10^2} \tag{5}$$

式中　N_e——有效功率，kW；

N——轴功率，kW；

H——扬程，m；

Q——流量，m³/s；

ρ——流体密度，kg/m³；

g——重力加速度，$g=10$m/s²。

2. 管路特性曲线测定

当离心泵安装在特定的管路系统中工作时，实际的工作压头和流量不仅与离心泵本身的性能有关，还与管路特性有关，也就是说，在液体输送过程中，泵和管路二者是相互制约的。

管路特性曲线是指流体流经管路系统的流量与所需压头之间的关系。若将泵的特性曲线与管路特性曲线标绘在同一坐标图上，两曲线交点即为泵在该管路的工作点。注意：管路特性曲线的测定不能通过出口流量调节阀来改变流量，因为流量调节阀开度变化即导致

管路特性曲线变化，所以测管路特性曲线时只能采用变频器改变离心泵转速的方式来调节流量。

具体测定时，应固定阀门某一开度不变(此时管路特性曲线一定)，改变泵的转速，测出各转速下的流量以及相应的压力表、真空表读数，根据式(3)可算出泵的扬程 H，从而作出管路特性曲线。

3. 流量计标定

节流式流量计是一种常用的流量计，又称差压式流量计，如孔板流量计、文丘里流量计、喷嘴流量计等均属此类。其通常由节流元件(如孔板、文丘里管、喷嘴等)和压差计组成，通过测定流体通过节流装置时产生的压差来确定流体的流量。

流体通过节流式流量计时在上、下游两取压口之间会产生压强差，它与流量的关系为：

$$V_s = C_o A_o \sqrt{\frac{2 \cdot \Delta P}{\rho}} \qquad (6)$$

式中　V_s——被测流体(水)的体积流量，m^3/s；

C_o——流量系数，量纲为1；

A_o——流量计节流孔截面积，m^2；

ΔP——流量计上、下端两取压口之间的压强差，Pa；

ρ——被测流体的密度，kg/m^3。

用涡轮流量计作为标准流量计来测量流量 V_s，每一个流量在节流式流量计上有一对应的读数 ΔP，将压差计读数 ΔP 和流量 V_s 绘制成一条曲线，即流量标定曲线，同时利用式(6)整理数据可进一步得到 C_o-Re 关系曲线。

3.4　实验装置

实验装置流程示意如图 2-2 所示，实验装置触摸屏控制面板示意如图 2-3 所示。实验设备中主要设备、仪器的规格型号说明见表 2-1。

3.5　实验方法及步骤

1. 实验前准备工作

① 向水箱内注入蒸馏水(或者去离子水)至水箱3/4处。

② 了解每个阀门的作用，检查各阀门是否处于正常的开关状态，除阀门 V1 打开，其余阀门均关闭。

③ 实验装置接通电源。

2. 离心泵特性曲线测定实验

① 实验开始前确认流量调节阀 V5 和 V6 是关闭的。

② 启动离心泵，缓慢打开流量调节阀 V5 至全开。待系统内流体稳定即水回到水箱，打开泵入口压力表和泵出口压力表的导压阀 V3 和 V4。

③ 通过阀门 V5 调节流量，流量从零逐渐增至最大或流量从最大逐渐减小到零，分别记录涡轮流量计 F1、泵入口真空表 P5、泵出口压力表 P4、功率变送器 J1 等的数据，并记录水箱温度计 T1 的数据。测取 15~20 组数据。

3. 管路特性曲线测定

测量管路特性曲线时，先将流量调节阀 V5 调至某一开度，用变频器调节离心泵电机频率(调节范围 10~50Hz)，记录电机频率、涡轮流量计 F1、泵入口真空表 P5、泵出口压力表 P4 等数据，并记录水箱温度计 T1 的数据。测取 10~15 组数据。

4. 流量计标定实验

流量计标定实验步骤与离心泵特性曲线测定实验步骤相同，可以在进行离心泵特性曲线测定实验时一同进行，在读取数据时，将文丘里流量计 F2 对应的压差传感器 P1 的数据一并读取即可。

5. 实验结束后

实验数据测取完毕后，将流量调节阀 V5 调到最小，然后关闭阀门 V1 以外的所有阀门，关闭离心泵开关，关闭总电源，一切复原。

需要说明的是，该实验可以手动调节流量进行，也可以用 MV1 电动球阀调节，通过触摸屏控制来完成。

3.6 实验注意事项

① 实验前要仔细阅读数字仪表操作方法说明书，待熟悉其性能和使用方法后再开始操作。

② 离心泵启动前，确保阀门 V1 打开，避免离心泵空转，确保调节阀 V5 和 V6 是关闭的，避免离心泵启动时电流过大损坏电机。

③ 压差传感器 P6 可测量多个压差，一定要注意导压阀的开关状态是否正确。

④ 实验前记录仪表的初始值；实验过程中，每改变一个流量值后，需要待流量和直管压降的数据稳定后方可记录数据。注意：测取数据时，应在满量程范围内取点，并注意间隔分布。

⑤ 实验用水要保证洁净，以免影响涡轮流量计运行和使用寿命。

⑥ 若较长时间未使用该装置，启动离心泵时应先盘轴转动以免烧坏电机。

⑦ 该装置电路采用五线三相制配电，实验设备应良好接地。

⑧ 变频器范围 0~50Hz，改变变频器频率不得超过 50Hz，否则数据无效。

⑨ 因水温随实验的进行而变化，因此每项任务开始和结束时都要测水温。

3.7 原始实验数据表

离心泵特性曲线测定实验数据记录及处理结果见表 3-1，离心泵管路特性曲线测定实验数据记录及处理结果见表 3-2，文丘里流量计标定实验数据记录及处理结果见表 3-3。

表 3-1　离心泵特性曲线测定实验数据记录及处理结果

装置编号：　　　　　泵入口管径：　　　　　泵出口管径：　　　　　管路管径：

泵进出口高度：　　　液体温度：　　　　　　液体密度：　　　　　　液体黏度：

序号	泵入口真空表 $P5$/MPa	泵出口压力表 $P4$/MPa	电机功率/ kW	流量 Q/(m³/h)	扬程 H/m	N_e/ W	泵轴功率 N/W	泵的效率 η/%
1								
2								
...								

表 3-2　离心泵管路特性曲线测定实验数据记录及处理结果

装置编号：　　　　　泵入口管径：　　　　　泵出口管径：　　　　　管路管径：

泵进出口高度：　　　液体温度：　　　　　　液体密度：　　　　　　液体黏度：

序号	电机频率/Hz	泵入口真空表 $P5$/MPa	泵出口压力表 $P4$/MPa	流量 Q/(m³/h)	扬程 H/m
1					
2					
...					

表 3-3　文丘里流量计标定实验数据记录及处理结果

文丘里孔径：　　　管路管径：　　　液体温度：　　　液体密度：　　　液体黏度：

序号	文丘里流量计压差 ΔP/kPa	流量 V_s/(m³/h)	流速 u/(m/s)	雷诺数 $Re \times 10^{-4}$	流量系数 $C_o \times 10$
1					
2					
...					

3.8　实验报告要求

① 在合适的坐标系中标绘离心泵的特性曲线，并在图上标出离心泵的型号、转速和高效区。根据实验所得到的三条曲线分析扬程、轴功率及效率随流量变化的规律，讨论为什么会出现这样的规律，其对工业生产有什么指导意义。

② 在上述坐标系中画出某一阀门开度下的管路特性曲线，并标出工作点。

③ 在合适的坐标系中标绘节流式流量计的流量 V_s 与压差 ΔP 的关系曲线（即流量标定线）、流量系数 C_o 与雷诺数 Re 的关系曲线。（选做）

3.9　思考题

① 离心泵启动前为什么要先灌水排气？本实验装置中的离心泵在安装上有何特点？

② 启动泵前为什么要先关闭出口阀，待启动后，再逐渐开大？而停泵时，也要先关闭出口阀？

③ 离心泵的特性曲线是否与连接的管路系统有关？

④ 离心泵的流量增大时，压力表与真空表的数值将如何变化？为什么？

⑤ 离心泵的流量可通过泵的出口阀调节，为什么？

⑥ 什么情况下会出现"汽蚀"现象？

⑦ 离心泵在其进口管上安装调节阀门是否合理？为什么？

⑧ 在什么情况下流量计需要标定？标定方法有几种？本实验采用哪一种？

⑨ 在所学过的流量计中，哪些属于节流式流量计？哪些属于变截面流量计？

4 恒压过滤实验

4.1 实验目的

① 了解板框过滤机的构造，掌握板框过滤的操作方法。

② 掌握恒压过滤常数 K、虚拟滤液体积 q_e、虚拟过滤时间 θ_e 的测定方法，加深对 K、q_e、θ_e 概念和影响因素的理解。

③ 了解操作压力对过滤速率的影响，学习滤饼的压缩指数 s 和物料特性常数 k 的测定方法。

4.2 实验任务

① 测定一定浓度的碳酸钙料浆在不同压力实验条件下的滤液量随过滤时间的变化，求出相应压差下的过滤常数 K、虚拟滤液体积 q_e、虚拟过滤时间 θ_e。

② 根据实验测量数据，计算滤饼的压缩指数 s 和物料特性常数 k。

4.3 实验原理

过滤是利用过滤介质进行液–固系统的分离过程，过滤介质通常采用带有许多毛细孔的物质，如帆布、毛毯和多孔陶瓷等。含有固体颗粒的悬浮液在一定压力作用下，液体通过过滤介质，固体颗粒被截留在介质表面，从而使液固两相分离。

在过滤过程中，由于固体颗粒不断地被截留在介质表面上，滤饼厚度逐渐增加，使得液体流过固体颗粒之间的孔道加长，增加了流体流动阻力。故恒压过滤时，过滤速率是逐渐下降的。随着过滤的进行，若想得到相同的滤液量，则过滤时间就要增加。如果要维持过滤速率不变，就必须不断提高滤饼两侧的压力差。

恒压过滤方程为：

$$(q+q_e)^2 = K(\theta+\theta_e) \tag{1}$$

式中　q——单位过滤面积获得的滤液体积，m^3/m^2；

$\quad\quad q_e$——单位过滤面积上的虚拟滤液体积，m^3/m^2；

$\quad\quad \theta$——实际过滤时间，s；

$\quad\quad \theta_e$——虚拟过滤时间，s；

$\quad\quad K$——过滤常数，m^2/s。

将式(1)进行微分可得：

$$\frac{d\theta}{dq} = \frac{2}{K}q + \frac{2}{K}q_e \tag{2}$$

这是一个直线方程式，于普通坐标上标绘 $d\theta/dq$-q 的关系，可得直线。其斜率为 $\dfrac{2}{K}$，截距为 $\dfrac{2}{K}q_e$，从而求出 K、q_e。至于 θ_e 可由式(3)求出：

$$q_e^2 = K\theta_e \tag{3}$$

当各数据点的时间间隔不大时，$d\theta/dq$ 可用增量 θ_e 之比 $\Delta\theta/\Delta q$ 来代替。

过滤常数的定义式为：

$$K = 2k\Delta p^{1-s} \tag{4}$$

式中　k——物料特性常数；

　　　Δp——通过滤饼和过滤介质的总压降，Pa；

　　　s——压缩指数；

　　　K——过滤常数，m^2/s。

$$k = \frac{1}{\mu r' v} \tag{5}$$

式中　μ——滤液的黏度，$Pa \cdot s$；

　　　r'——实验常数；

　　　v——实验常数。

将式(4)两边取对数：

$$\lg K = (1-s)\lg\Delta p + \lg(2k) \tag{6}$$

因 $k = \dfrac{1}{\mu r' v}$=常数，故 K 与 ΔP 的关系在对数坐标上标绘时应是一条直线，直线的斜率为 $1-s$，由此可得滤饼的压缩指数 s，然后代入式(4)求物料特性常数 k。

4.4　实验装置

板框过滤实验装置流程示意见图 4-1，板框过滤机固定头管路分布见图 4-2，板框过滤实验装置仪表面板示意见图 4-3。

板框过滤机的实验设备主要技术参数见表 4-1。

表 4-1　板框过滤机的实验设备主要技术参数

序　号	位　号	名　称	规　格
1	M1	搅拌电机	型号 KDZ-1
2		滤布	工业用
3		过滤面积	$0.0475m^2$
4		滤液计量槽	长 327mm，宽 286mm
5	T1	温度传感器	Pt100 热电阻
6		数显温度计	AI501B 数显仪表
7	P1	压力表	0~0.2MPa
8		旋涡泵	DW2-30/037
9	S1	变频器	E310-401-H3BCDC
10	L1	液位计	

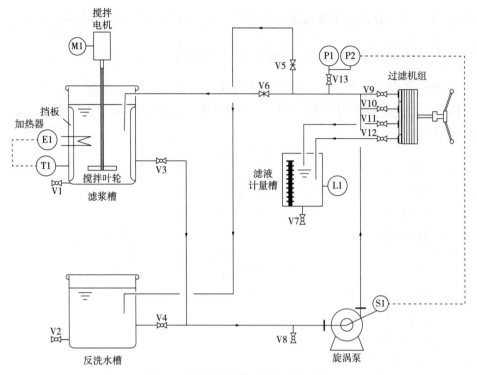

图 4-1　板框过滤实验装置流程示意

T1—温度计；P1—压力表；P2—压力传感器；S1—变频器；V1、V2、V7、V8—排液阀；V3—滤浆出口阀；
V4—反洗液出口阀；V5—反洗液回水阀；V6—料浆回水阀；V9—板框滤浆进口阀；V10—板框反洗液进水阀；
V11、V12—滤液出口阀；V13—压力表导压阀

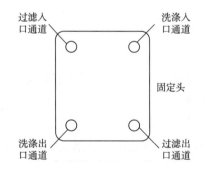

图 4-2　板框过滤机固定头管路分布

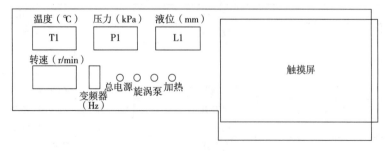

图 4-3　板框过滤实验装置仪表面板示意

4.5　实验方法及步骤

① 系统接上电源，打开搅拌器电源开关，启动电动搅拌器，滤浆槽内配有一定浓度的轻质碳酸钙悬浮液(质量分数在6%~8%)，用电动搅拌器进行均匀搅拌(以浆液不出现旋涡为好)，滤液计量槽内液面高度调整好。检查各阀门均处于关闭状态。

② 板框过滤机板、框排列顺序为：固定头→非洗涤板(·)→框(∶)→洗涤板(∷)→框(∶)→非洗涤板(·)→可动头。用压紧装置压紧后待用。

③ 调节阀门V3、V6至全开，其余阀门全关。启动旋涡泵，打开阀门V13，利用阀门V6使压力表P1达到规定值。

④ 首先进行过滤实验，待压力表P1数值稳定后，打开板框滤浆进口阀V9和滤液出口阀V11、V12，开始过滤。当滤液计量槽内见到第一滴液体时开始计时，记录滤液每增加10mm高度时所用的时间。当滤液计量槽读数为150mm时停止计时，并立即关闭V9。

⑤ 打开阀门V6使压力表P1指示值下降，关闭泵开关。放出滤液计量槽内的滤液并倒回滤浆槽内，保证滤浆浓度恒定。

⑥ 接下来对滤饼进行洗涤。洗涤实验时关闭阀门V3、V6，打开阀门V4、V5。调节阀门V5使压力表P1数值达到过滤要求，打开板框反洗液进水阀V10和阀门V11、V12，开始洗涤，等到阀门V11有液体流出时开始计时，洗涤量控制为过滤量的四分之一。洗涤结束后，放出计量桶内的洗液到反洗水槽内。

⑦ 松开压紧装置，卸下过滤框内的滤饼并放回滤浆槽内循环使用，将滤布清洗干净。

⑧ 改变压力值，从步骤②开始重复上述实验。

⑨ 实验结束后，要卸下滤布、板框，冲洗干净。关闭总电源，一切复原。

4.6　实验注意事项

① 安装板框过滤装置时，注意过滤板与框之间的密封垫要放正，过滤板与过滤框上面的滤液进出口要对齐。整体安装完毕后用螺杆压紧时，应先慢慢转动手轮使板框合上，然后再压紧以免漏液。

② 要注意滤板滤框的放置方向和顺序。

③ 滤液计量槽的流液管口应紧贴槽壁，防止液面波动影响读数。

④ 由于电动搅拌器为无级调速，使用时首先接上系统电源，打开调速器开关，调速钮要由小到大缓慢调节，切勿反方向调节或调节过快以免损坏电机。

⑤ 启动搅拌电机对滤浆槽进行搅拌之前，先用手旋转一下搅拌轴以保证启动顺利。

4.7　原始实验数据表

过滤实验数据见表4-2，过滤实验物料特性常数、压缩指数数据见表4-3。

表 4-2　过滤实验数据

序号	高度 H/mm	q/ (m^3/m^2)	$\bar{q}$/ (m^3/m^2)	0.05MPa		0.10MPa		0.15MPa	
				$\Delta\theta$/s	$\Delta\theta/\Delta q$	$\Delta\theta$/s	$\Delta\theta/\Delta q$	$\Delta\theta$/s	$\Delta\theta/\Delta q$
1									
2									
…									

表 4-3　过滤实验物料特性常数、压缩指数数据

序号	斜率	截距	压差/Pa	$K\times10^{-5}/(m^2/s)$	$q_e\times10^2/(m^3/m^2)$	$\theta_e\times10^2/s$
1						
2						
3						

4.8　实验报告要求

① 将实验数据和数据整理结果列在数据表中，并以其中一组数据为例写出详细计算过程(组员间选取不同数据计算)。

② 作图求出过滤常数 K、虚拟滤液体积 q_e、虚拟过滤时间 θ_e，压缩指数 s 和物料特性常数 k。

③ 对实验结果进行讨论分析，并从中得出结论，提出建议或设想。

4.9　思考题

① 板框过滤机的优缺点是什么？适用于什么场合？

② 为什么过滤开始时，滤液常有些浑浊，经过一段时间后滤液才转清？

③ 影响过滤速率的主要因素有哪些？当你在某一恒压下测得 K、q_e、θ_e 值后，若将过滤压强提高一倍，上述三个值将有何变化？

④ 在过滤实验中，当操作压强增加一倍时，其 K 值是否也会增加一倍？当要得到同样的过滤量时，其过滤时间是否缩短了一半？

5 综合传热实验

5.1 实验目的

① 认识套管换热器(普通管、强化管)及列管换热器的结构,掌握操作方法,测定并比较不同换热器的工作性能。

② 通过对空气-水蒸气简单套管换热器的实验研究,掌握对流传热系数 a_i 的测定方法,加深对其概念和影响因素的理解。

③ 通过对管程内部插有螺旋线圈的空气-水蒸气强化套管换热器的实验研究,掌握对流传热系数 a_i 的测定方法,加深对其强化概念和影响因素的理解。

④ 学会并应用线性回归分析方法,确定普通管传热关联式 $Nu = ARe^m Pr^{0.4}$ 中常数 A、m 数值,强化管关联式 $Nu_0 = BRe^m Pr^{0.4}$ 中 B 和 m 数值。

⑤ 根据计算出的 Nu、Nu_0 求出强化比 Nu/Nu_0,比较强化传热效果,加深理解强化传热的基本理论和基本方式。

⑥ 通过变换列管换热器换热面积实验测取数据计算总传热系数 K_0,加深对其概念和影响因素的理解。

5.2 实验任务

① 测定 8 组不同流速下普通套管换热器的对流传热系数 a_i。

② 测定 8 组不同流速下强化套管换热器的对流传热系数 a_i。

③ 测定 6 组不同流速下空气全流通列管换热器总传热系数 K_0。

④ 测定 6 组不同流速下空气半流通列管换热器总传热系数 K_0。

⑤ 对 a_i 的实验数据进行线性回归,确定普通管关联式 $Nu = ARe^m Pr^{0.4}$ 中常数 A、m 的数值;确定强化管关联式 $Nu = BRe^m Pr^{0.4}$ 中常数 B、m 的数值。

⑥ 通过关联式 $Nu = ARe^m Pr^{0.4}$,计算出 Nu、Nu_0,并确定传热强化比 Nu/Nu_0。

5.3 实验原理

1. 套管换热器(普通管)传热系数测定及准数关联式确定

(1)对流传热系数 a_i 的测定

对流传热系数 a_i 可以根据牛顿冷却定律,通过实验来测定。

$$Q_i = a_i \times S_i \times \Delta t_m \tag{1}$$

$$a_i = \frac{Q_i}{\Delta t_m \times S_i} \tag{2}$$

式中 a_i——管内流体对流传热系数，W/（m²·℃）；

Q_i——管内传热速率，W；

S_i——管内换热面积，m²；

Δt_m——壁面与主流体间的温度差，℃。

Δt_m 由式（3）确定：

$$\Delta t_m = \frac{(t_w - t_2) - (t_w - t_1)}{\ln \dfrac{t_w - t_2}{t_w - t_1}} \tag{3}$$

式中 t_1，t_2——冷流体的入口、出口温度，℃；

t_w——壁面平均温度，℃。

因为换热器内管为紫铜管，其导热系数很大，且管壁很薄，故认为内壁温度、外壁温度和壁面平均温度近似相等，用 t_w 来表示。由于管外使用蒸汽，所以 t_w 近似等于热流体的平均温度。

管内换热面积为：

$$S_i = \pi d_i L_i \tag{4}$$

式中 d_i——内管内径，m；

L_i——传热管测量段的实际长度，m。

热量衡算式为：

$$Q_i = W_i c_{pi} (t_{i2} - t_{i1}) \tag{5}$$

其中质量流量由式（6）求得：

$$W_i = \frac{V_i \rho_i}{3600} \tag{6}$$

式中 W_i——质量流量，kg/s；

V_i——冷流体在套管内平均体积流量，m³/h；

c_{pi}——冷流体定压比热容，kJ/（kg·℃）；

ρ_i——冷流体密度，kg/m³；

t_{i2}，t_{i1}——i 为普通管或强化管时，对应的空气进口、出口温度，℃。

c_{pi} 和 ρ_i 可根据定性温度 t_m 查得，$t_m = \dfrac{t_{i1} + t_{i2}}{2}$ 为冷流体进出口平均温度。

t_{i1}，t_{i2}，t_w，V_i 可采取以下测量方法获得。

1）空气流量 V_i 的测量。

空气流量由孔板与差压变送器和二次仪表组成。该孔板流量计在 20℃ 时标定的流量和压差的关系式为：

$$V_{20} = 13.909 \times (\Delta P)^{0.648} \tag{7}$$

流量计在实际使用时往往不是 20℃，此时需要对该读数进行校正：

$$V_{t1} = V_{20} \sqrt{\frac{273 + t_1}{273 + 20}} \tag{8}$$

式中 ΔP——孔板流量计两端压差，kPa；

V_{20}——20℃时体积流量，m^3/h；

V_{t1}——流量计处体积流量，也是空气入口体积流量，m^3/h；

t_1——流量计处温度，也是空气入口温度，℃。

由于换热器内温度的变化，传热管内的体积流量需进行校正：

$$V_m = V_{t1} \times \frac{273 + t_m}{273 + t_1} \qquad (9)$$

式中 V_m——传热管内平均体积流量，m^3/h；

t_m——传热管内平均温度，℃。

2）温度的测量：

空气进出口温度采用电偶温度计测得，由多路巡检表以数值形式显示。壁温采用热电偶温度计测量，普通管的壁温由显示表的上排数据读出，强化管的壁温由显示表的下排数据读出。

（2）对流传热系数准数关联式的实验确定

流体在管内作强制湍流时，被加热状态的准数关联式为：

$$Nu_i = ARe_i^m Pr_i^n \qquad (10)$$

$$Nu_i = \frac{\alpha_i d_i}{\lambda_i}, \quad Re_i = \frac{u_i d_i \rho_i}{\mu_i}, \quad Pr_i = \frac{c_{pi} \mu_i}{\lambda_i}$$

式中 λ_i——热导率，$W/(m \cdot ℃)$；

μ_i——冷流体的黏度，$Pa \cdot s$；

ρ_i——冷流体的密度，kg/m^3；

c_{pi}——冷流体定压比热容，$kJ/(kg \cdot ℃)$。

物性数据 λ_i、c_{pi}、ρ_i、μ_i 可根据定性温度 t_m 查得。对于管内被加热或冷却的空气，普兰特准数 Pr 变化不大，一般认为是常数，冷却时取 $n = 0.3$，加热时取 $n = 0.4$。因此本实验的关联式形式简化为：

$$Nu_i = ARe_i^m Pr_i^{0.4} \qquad (11)$$

这样通过实验确定不同流量下的 Re_i 与 Nu_i，然后用线性回归方法确定 A 和 m 的数值。

2. 套管换热器(强化管)传热系数、准数关联式及强化比的测定

强化传热技术，可以使最初设计的传热面积减小，从而减小换热器的体积和重量，提高现有换热器的换热能力，达到强化传热的目的。同时换热器能够在较低温差下工作，减小了换热器工作阻力，以减少动力消耗，更合理有效地利用能源。强化传热的方法多种多样，本实验装置采用了多种强化方式，以在换热管内增加螺旋线圈为例加以介绍。

螺旋线圈的结构如图 5-1 所示，螺旋线圈由直径 3mm 以下的铜丝和钢丝按一定节距绕成。将金属螺旋线圈插入并固定在管内，即可构成一种强化传热管。在近壁区域，流体一面由于螺旋线圈的作用而发生旋转，一面还周期性地受到线圈的螺旋金属丝的扰动，因而可以使传热强化。由于绕制线圈的金属丝直径很细，流体旋流强度也较弱，所以阻力较小，有利于节省能源。螺旋线圈是以线圈节距 H 与管内径 d 的比值以及管壁粗糙度（$2d/h$）为主要技术参数，且长径比是影响传热效果和阻力系数的重要因素。

科学家通过实验研究总结了形式为 $Nu = BRe^m$ 的经

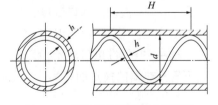

图 5-1　螺旋线圈强化管内部结构

验公式，其中 B 和 m 的值因强化方式不同而不同。在本实验中，确定不同流量下的 Re_i 与 Nu_i，用线性回归方法可确定 B 和 m 的值。

单纯研究强化传热效果（不考虑阻力的影响），可以用强化比的概念作为评判准则，它的形式是：Nu/Nu_0，其中 Nu 是强化管的努塞尔准数，Nu_0 是普通管的努塞尔准数，显然，强化比 $Nu/Nu_0 > 1$，而且它的值越大，强化效果越好。需要说明的是，如果评判强化方式的真正效果和经济效益，则必须考虑阻力因素，阻力系数随着换热系数的增加而增加，从而导致换热性能的降低和能耗的增加，只有强化比较高，且阻力系数较小的强化方式，才是最佳的强化方式。

3. 列管换热器总传热系数 K_0 的计算

总传热系数 K_0 是评价换热器性能的一个重要参数，也是对换热器进行传热计算的依据。对于已有的换热器，可以通过测定有关数据，如设备尺寸、流体的流量和温度等，通过传热速率方程式计算 K_0 值。

传热速率方程式是换热器传热计算的基本关系。该方程式中冷、热流体温度差 ΔT_m 是传热过程的推动力，它随着传热过程冷热流体的温度变化而改变。

传热速率方程式：

$$Q = K_0 \times S_0 \times \Delta T_m \qquad (12)$$

热量衡算式：

$$Q = c_p \times W \times (t_2 - t_1) \qquad (13)$$

总传热系数：

$$K_0 = \frac{c_p \times W \times (t_2 - t_1)}{S_0 \times \Delta T_m} \qquad (14)$$

$$\Delta T_{m(逆流)} = \frac{(T_1 - t_2) - (T_2 - t_1)}{\ln \dfrac{T_1 - t_2}{T_2 - t_1}} \qquad (15)$$

$$\Delta T_{m(并流)} = \frac{(T_1 - t_1) - (T_2 - t_2)}{\ln \dfrac{T_1 - t_1}{T_2 - t_2}} \qquad (16)$$

式中　Q——热量，W；

　　　S_0——换热面积，m^2；

　　ΔT_m——冷热流体的平均温差，℃；

　　　c_p——比热容，J/(kg·℃)；

　　　K_0——总传热系数，W/(m^2·℃)；

　　　W——空气质量流量，kg/s；

　T_1、T_2——蒸汽进、出口温度，℃；

　t_1、t_2——空气进、出口温度，℃；

　$t_2 - t_1$——空气进出口温差，℃。

列管换热器的换热面积为：

$$S_0 = n \cdot \pi d_0 L_0 \qquad (17)$$

式中　d_0——列管换热器直径，m；

L_0——列管长度，m；

n——列管根数。

5.4 实验装置

综合传热实验装置流程示意见图5-2，综合传热实验装置仪表面板示意见图5-3。

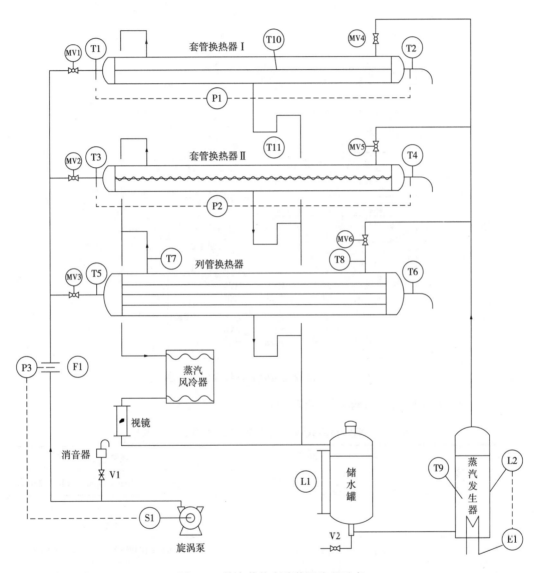

图5-2 综合传热实验装置流程示意

MV1—套管Ⅰ空气进口阀(电动球阀)；MV2 套管Ⅱ空气进口阀(电动球阀)；MV3—列管换热器空气进口阀(电动球阀)；
MV4—套管Ⅰ蒸汽进口阀(电动球阀)；MV5—套管Ⅱ蒸汽进口阀(电动球阀)；MV6—列管换热器蒸汽进口阀(电动球阀)；
V1—空气旁路调节阀；V2—排水阀；L1—储水罐液位计；L2—蒸汽发生器液位计；T1、T2—套管Ⅰ空气进出口温度；
T3、T4—套管Ⅱ空气进出口温度；T5、T6—列管换热器空气进出口温度；T7、T8—列管换热器蒸汽出口温度、进口温度；
T9—蒸汽发生器温度；T10—套管Ⅰ传热管壁面温度；T11—套管Ⅱ传热管壁面温度；F1—孔板流量计；S1—变频器；
P1—套管Ⅰ阻力降；P2—套管Ⅱ阻力降；P3—孔板流量计压差；E1—加热器

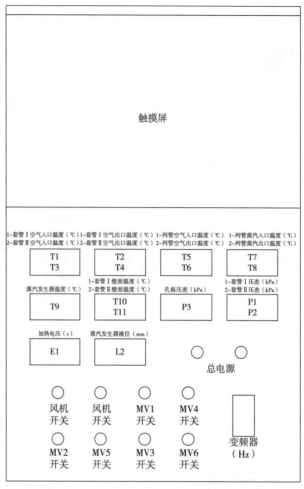

图 5-3　综合传热实验装置仪表面板示意

综合传热实验装置结构参数及仪表规格、型号见表 5-1。

表 5-1　综合传热实验装置结构参数及仪表规格、型号

序号	位号	设 备 名 称	规格、型号
1		套管换热器	紫铜管 $\phi22mm\times1mm$，管长 1.2m
2		列管换热器	不锈钢管 $\phi22mm\times1.5mm$ 管长 1.2m，6 根
3		强化传热内插物	螺旋线圈丝径 1mm，节距 40mm
4		孔板流量计	$C_0=0.65$，$d_0=0.017m$
5		储水罐	不锈钢带盖
6	E1	加热器	2.5kW，250mm 长
7		旋涡泵	XGB-12
8		电动球阀	$DN15$

序号	位号	设备名称	规格、型号
9	S1	变频器	E310-401-H3BCDC
10	T1~T11	温度传感器	Pt100 温度计
11		温度显示	AI-50IFS
12	L1	磁翻转液位计	带远传，400mm
13		数据转换模块	USR-DR302，485 转网口
14		交换机	
15		PLC	西门子 CPU ST20
16		变压器	交流 24V
17		触摸屏	戴尔(DELL)
18		开关电源	HDR-30-24

5.5 实验方法及步骤

1. 实验前准备及检查工作

① 向储水槽中加入蒸馏水至 2/3。

② 检查空气旁路调节阀 V1 是否全开。

③ 检查各个换热器上蒸汽管支路进口阀(电动球阀)是否完好，保证蒸汽管线畅通。

④ 接通电源总闸，设定加热电压，启动电加热器开关，开始加热。

2. 套管换热器 I (普通管)对流传热系数测定实验

① 准备工作完毕后，在触摸屏上按下 MV4 键，打开蒸汽进口阀，启动仪表面板加热开关，对蒸汽发生器内液体进行加热。当所用 T10 显示温度升到接近 100℃并保持 5min 不变时，按下 MV1 键，打开空气进口阀门，全开空气旁路调节阀 V1，启动风机开关。

② 通过空气旁路调节阀 V1 调节空气流量，调好某一流量后稳定 5~10min，分别记录空气流量(孔板流量计压差)P3，空气进、出口温度 T1、T2 及壁面温度 T10 的数值。

③ 改变 V1 开度，调整空气流量，测量下组数据。一般从小流量到最大流量之间，测量 5~8 组数据。

3. 套管换热器 II (强化管)对流传热系数测定实验

为了强化传热效果，在换热管内部加设了螺旋线圈，通过对空气扰动可以达到强化传热的目的。实验方法操作步骤与光滑管完全相同。稍后通过数据的处理和比较，来验证强化传热的效果。

4. 列管换热器传热系数测定实验

① 列管换热器冷流体全流通实验，打开蒸汽进口电动球阀 MV6，当蒸汽出口温度 T7 显示温度接近 100℃并保持 5min 不变时，打开电动球阀 MV3，全开空气旁路调节阀 V1，启

动风机，调整 V1 固定好空气流量，稳定 5~10min 后，分别记录空气流量(孔板流量计压差)P3，空气进、出口温度 T5、T6 及蒸汽的进出口温度 T8、T7 的数值。

② 列管换热器冷流体半流通实验，即将换热器内管的换热面积减少一半，或者也可以根据用户的需求随意减少换热面积。打开封头，用准备好的丝堵封堵上相应面积的换热内管，本实验封堵了一半的换热管，安装好封头开始实验，其实验方法及操作步骤与全流通完全相同。

③ 实验内容全部完成并确认数据准确无误后结束实验，首先关闭加热开关，5min 后当空气温度降下来再关闭风机，关闭总电源，一切复原。

5.6 实验注意事项

① 检查蒸汽发生器中的水位是否在正常范围内。特别是每个实验结束后，进行下一个实验之前，如果发现水位过低，应及时补充水量。

② 必须保证蒸汽上升管线的畅通。即在开启蒸汽发生器电压之前，两蒸汽支路阀门之一必须全开。当转换支路时，应先开启需要的支路阀，再关闭另一侧支路阀，开启和关闭控制阀动作要缓慢，防止管线截断或蒸汽压力过大突然喷出。

③ 必须保证空气管线的畅通。即在接通风机电源之前，两个或三个空气支路控制阀之一和旁路调节阀必须全开。当转换支路时，应先开启需要的支路阀，再关闭另一侧支路阀。

④ 调节流量后，至少稳定 5~10min 后再读取实验数据。

⑤ 实验中要保持上升蒸汽量的稳定，不应改变加热电压，且保证蒸汽放空口一直有蒸汽放出。

5.7 原始实验数据表

套管换热器普通管、强化管原始记录及整理结果见表 5-2~表 5-4，列管换热器全流通、半流通数据记录见表 5-5、表 5-6。

表 5-2 实验数据原始记录(套管换热器普通管)

序 号	1	2	3	4	5	6	7	8
空气流量压差 $\Delta P/kPa$								
空气入口温度 $t_1/℃$								
$\rho_{t_1}/(kg/m^3)$								
空气出口温度 $t_2/℃$								
$t_W/℃$								

表 5-3　实验数据原始记录(套管换热器强化管)

序　号	1	2	3	4	5	6	7	8
空气流量压差 ΔP/kPa								
空气入口温度 t_1/℃								
ρ_{t_1}/(kg/m^3)								
空气出口温度 t_2/℃								
t_W/℃								

表 5-4　实验数据原始记录及整理结果(套管换热器普通管或强化管)

序　号	1	2	3	4	5	6	7	8
空气流量压差 ΔP/kPa								
空气入口温度 t_1/℃								
ρ_{t_1}/(kg/m^3)								
空气出口温度 t_2/℃								
t_W/℃								
t_m/℃								
ρ_{t_m}/(kg/m^3)								
$\lambda_{t_m} \times 10^2$/[W/(m·K)]								
c_{pt_m}/[J/(kg·K)]								
$\mu_{t_m} \times 10^5$/(Pa·s)								
t_2-t_1/℃								
Δt_m/℃								
V_{t_1}/(m^3/h)								
V_{t_m}/(m^3/h)								
u/(m/s)								
Q/W								
a_i/[W/(m^2·℃)]								
$Re \times 10^{-4}$								
Nu								
$Nu/Pr^{0.4}$								

表5-5 列管换热器全流通数据记录

序号	空气流量压差 $\Delta P/\text{kPa}$	空气进口温度 $t_1/℃$	空气出口温度 $t_2/℃$	蒸汽进口温度 $T_1/℃$	蒸汽出口温度 $T_2/℃$	体积流量 $V_t/(\text{m}^3/\text{h})$	换热器体积流量 $V_m/(\text{m}^3/\text{h})$	质量流量 $W_m/(\text{kg/s})$	空气进出口温差 $t_2-t_1/℃$	传热量 Q/W	对流传热系数 $K_0/[\text{W}/(\text{m}^2\cdot\text{s})]$
1											
2											
3											
4											
5											
6											

序号	空气入口密度 $\rho_t/(\text{kg/m}^3)$	进出口平均温度 $t_m/℃$	换热器空气平均密度 $\rho/(\text{kg/m}^3)$	$\Delta t_2-\Delta t_1/℃$	$\ln(\Delta t_2/\Delta t_1)$	$\Delta t_m/℃$	$\lambda_t\times100/[\text{W}/(\text{m}\cdot\text{s})]$	$c_{pt}/[\text{kW}/(\text{kg}\cdot℃)]$	$\mu_t\times10^5/(\text{Pa}\cdot\text{s})$	换热面积 S_t/m^2	$u/(\text{m/s})$
1											
2											
3											
4											
5											
6											

表 5-6 列管换热器半流通数据记录

序号	空气流量压差 ΔP/kPa	空气进口温度 t_1/℃	空气出口温度 t_2/℃	蒸汽进口温度 T_1/℃	蒸汽出口温度 T_2/℃	体积流量 V_{t_1}/(m³/h)	换热器体积流量 V_m/(m³/h)	质量流量 W_m/(kg/s)	空气进出口温差 t_2-t_1/℃	传热量 Q/W	对流传热系数 K_0/[W/(m²·s)]
1											
2											
3											
4											
5											
6											

序号	空气入口密度 ρ_{t_1}/(kg/m³)	进口平均温度 t_m/℃	换热器空气平均密度 ρ/(kg/m³)	Δt_m/℃	$\ln(\Delta t_2/\Delta t_1)$	$\Delta t_2-\Delta t_1$/℃	$\lambda_a\times100$/[W/(m·s)]	c_{pa}/[kW/(kg·℃)]	$\mu_a\times10^5$/(Pa·s)	换热面积 S/m²	u/(m/s)
1											
2											
3											
4											
5											
6											

5.8　实验报告要求

① 将实验数据及数据结果整理列表，根据准数关联式回归过程、结果与具体的回归方差进行结果分析，并以其中一组数据计算举例。（在双对数坐标系中绘制 $Nu\text{-}Re$ 的关系图，求出准数关联式中的常数 A 和 m，B 和 m）

② 对比并分析普通套管、强化套管对流传热系数 a_i。

③ 空气全流通和半流通时列管换热器总传热系数 K_0 的对比分析。

④ 通过计算 Nu、Nu_0，对比传热强化比 Nu/Nu_0，分析有效强化传热方法。

5.9　思考题

① 本实验中，空气和蒸汽的流向对传热效果有什么影响？气-汽换热的结果是什么？

② 本实验中，采用同一换热器，在流体流量及进口温度均不发生变化的时候，两种流体流动方式由逆流改为并流，总传热系数是否发生变化？为什么？

③ 观察实验设备中的两个套管换热器有何不同？哪个对流传热系数大？为什么？（注意要在空气流量相同的前提下比较）

④ 实验中，测定的壁面温度是接近空气侧的温度，还是接近蒸汽侧的温度？为什么？

⑤ 强化换热器传热的措施有哪些？

⑥ 为什么每改变一次流量都要等 5~10min 才能读取数据？

⑦ 若想求出准数关联式 $Nu = ARe^m Pr^n$ 中 A、m、n 的值，应如何设计实验？

6 填料塔吸收与解吸实验

6.1 实验目的

① 了解填料吸收塔的结构、性能和特点，了解吸收装置的基本流程，练习并掌握填料塔操作方法。

② 掌握填料塔流体力学性能的测定方法，掌握液泛气速的确定方法，了解确定液泛气速的工程意义。

③ 掌握总体积吸收系数的测定方法并分析影响因素，了解吸收剂用量、气体流量对塔性能的影响。

④ 通过对实验数据的处理与分析，加深对填料塔流体力学性能基本理论的理解，加深对填料塔传质性能理论的理解。

6.2 实验任务

① 在一定喷淋量下，观察不同空塔气速时填料塔的流体力学状态。

② 在一定喷淋量下，测定填料层压降 ΔP 与操作气速 u 的关系，确定在一定液体喷淋量下的液泛气速。

③ 固定液相流量和入塔混合气二氧化碳的浓度，在液泛气速下测取气相流量，测量塔的传质能力(传质单元数和回收率)和传质效率(传质单元高度和体积吸收总系数)。

6.3 基本原理

1. 气体通过填料层的压降

压降 ΔP 是塔设计中的重要参数，气体通过填料层压降的大小决定了塔的动力消耗。压降与气、液流量均有关，不同液体喷淋量下填料层的压降 ΔP 与气速 u 的关系如图 6-1 所示。

当液体喷淋量 $L_0 = 0$ 时，干填料的 ΔP-u 的关系是直线，如图中的直线 0。当有一定的喷淋量时，ΔP-u 的关系变成折线，并存在两个转折点，下转折点称为"载点"，上转折点称为"泛点"。这两个转折点将 ΔP-u 关系分为三个区段，即恒持液量区、载液区及液泛区。

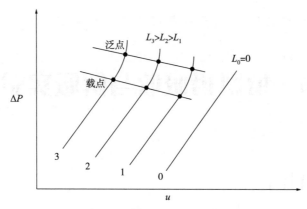

图 6-1 填料层的 ΔP-u 关系

2. 填料吸收塔传质性能测定

气体吸收是典型的传质过程之一。由于 CO_2 气体无味、无毒、廉价，所以气体吸收实验常选择 CO_2 作为溶质组分。本实验采用水吸收二氧化碳与空气混合物中的二氧化碳气体，已知二氧化碳常温常压下在水中的溶解度较小，因此，可将液相摩尔流率 L 视为定值，且设总传质系数 K_L 和两相接触比表面积 a 在整个填料层内为一定值，可得填料层高度的计算公式为：

$$Z = \frac{L}{K_L a \Omega} \cdot \int_{C_{A2}}^{C_{A1}} \frac{dC_A}{C_A^* - C_A} \tag{1}$$

式中　Z——填料层高度，m；

　　　Ω——塔截面积，m^2；

　　　C_A——液相中 A 组分的平均浓度，$kmol/m^3$；

　　　C_A^*——气相中 A 组分的实际分压所要求的液相平衡浓度，$kmol/m^3$；

　　　$K_L a$——以气相分压表示推动力的总传质系数，或简称为液相传质总系数，$kmol/(m^3 \cdot s)$；

　　　L——液相摩尔流率，$kmol/(m^2 \cdot s)$。

令　$H_{OL} = \dfrac{1}{K_L a \Omega}$，且称 H_{OL} 为液相传质单元高度（HTU）；

$N_{OL} = \displaystyle\int_{C_{A2}}^{C_{A1}} \frac{dC_A}{C_A^* - C_A}$，且称 N_{OL} 为液相传质单元数（NTU）。

因此，填料层高度为传质单元高度与传质单元数的乘积，即：

$$Z = H_{OL} \times N_{OL} \tag{2}$$

若气液平衡关系遵循亨利定律，即平衡曲线为直线，则式（1）为可用解析法解得填料层高度的计算式，亦可采用下列平均推动力法计算填料层的高度或液相传质单元高度：

$$Z = \frac{L}{K_L a \Omega} \cdot \frac{C_{A1} - C_{A2}}{\Delta C_{Am}} \tag{3}$$

式中　C_{A1}——液相中塔底处 A 组分的浓度，$kmol/m^3$；

　　　C_{A2}——液相中塔顶处 A 组分的浓度，$kmol/m^3$；

　　　ΔC_{Am}——塔顶液相总推动力和塔底液相总推动力的对数平均值，$kmol/m^3$。

$$N_{OL} = \frac{Z}{H_{OL}} \tag{4}$$

使用式(5)计算 ΔC_{Am}：

$$\Delta C_{Am} = \frac{\Delta C_{A1} - \Delta C_{A2}}{\ln \dfrac{\Delta C_{A1}}{\Delta C_{A2}}} = \frac{(C_{A1}^* - C_{A1}) - (C_{A2}^* - C_{A2})}{\ln \dfrac{C_{A1}^* - C_{A1}}{C_{A2}^* - C_{A2}}}$$

$$C_{A1}^* = H p_{A1} = H y_1 P_0$$

$$C_{A2}^* = H p_{A2} = H y_2 P_0 \tag{5}$$

式中 C_{A1}^*——入塔气相中 A 组分的实际分压所要求的液相平衡浓度，$kmol/m^3$；

      C_{A2}^*——出塔气相中 A 组分的实际分压所要求的液相平衡浓度，$kmol/m^3$；

      ΔC_{A1}——塔底液相平均推动力，$kmol/m^3$；

      ΔC_{A2}——塔顶液相平均推动力，$kmol/m^3$；

      H——溶解度系数，$kmol/(m^3 \cdot kPa)$；

      p_{A1}——入塔气相中 A 组分的实际分压，Pa；

      p_{A2}——出塔气相中 A 组分的实际分压，Pa；

      y_1——吸收塔塔底气相组成，%(摩)；

      y_2——吸收塔塔顶气相组成，%(摩)；

      P_0——大气压，Pa。

二氧化碳的溶解度系数为：

$$H = \frac{\rho_w}{M_w} \cdot \frac{1}{E} \tag{6}$$

式中 ρ_w——水的密度，kg/m^3；

      M_w——水的摩尔质量，$kg/kmol$；

      E——二氧化碳在水中的亨利系数，Pa。

因本实验采用的物系不仅遵循亨利定律，而且气膜阻力可忽略不计，在此情况下，整个传质过程阻力都集中于液膜，即属液膜控制过程，则液膜侧体积传质系数 $k_L a$ 等于液相传质总系数，即：

$$k_L a \approx K_L a = \frac{L}{Z\Omega} \cdot \frac{C_{A1} - C_{A2}}{\Delta C_{Am}} \tag{7}$$

3. 气液相浓度的测定方法

① 空气流量和液体流量的测定：

本实验中吸收塔 CO_2 流量和空气流量采用质量流量计测量。

$$V_{实} = 质量流量控制器显示出的流量读数 \times C \tag{8}$$

式中 $V_{实}$——被测气体在标准状态下的质量流量，kg/h；

      C——转换系数，$C_{CO_2} = 0.737$，$C_{空气} = 1.006$。

$$Y_1 = \frac{V_{CO_2实}}{V_{空气实}} \tag{9}$$

式中 $V_{CO_2实}$——被测 CO_2 气体在标准状态下的质量流量，kg/h；

$V_{空气实}$——被测空气在标准状态下的质量流量，kg/h；

Y_1——吸收塔塔底气相组成，%（摩）。

液体流量和解吸塔解吸气体流量均采用转子流量计测量，参数详见表6-1。

② 选用 CO_2 浓度检测仪测定吸收塔顶气相组成 y_2。

③ 气液相平衡关系：

本实验的平衡关系可写为：

$$Y^* = mX \tag{10}$$

$$m = \frac{E}{P} \tag{11}$$

式中 m——相平衡常数；

E——亨利系数，$E=f(t)$，Pa，根据液相温度测定值由附录3查得；

P——总压，Pa，取大气压力；

Y^*——与液相组成 X 呈平衡的气相组成，%（摩）；

X——液相组成，%（摩）。

当入塔液体为清水时，$X_2=0$，由全塔物料衡算式（12）可计算出塔液体 X_1 的值：

$$V(Y_1-Y_2)=L(X_1-X_2) \tag{12}$$

式中 V——气相摩尔流率，kmol/（$m^3 \cdot s$）；

L——液相摩尔流率，kmol/（$m^3 \cdot s$）；

Y_1——吸收塔塔底气相组成，%（摩）；

Y_2——吸收塔塔顶气相组成，%（摩）；

X_1——吸收塔塔底液相组成，%（摩）；

X_2——吸收塔塔顶液相组成，%（摩）。

6.4 实验装置

实验装置主要设备参数及仪表规格、型号见表6-1。

表6-1 实验装置主要设备参数及仪表规格、型号

序号	位号	名　　称	规格、型号
1		填料吸收塔	填料塔内径 $d=100$mm 填料层高度 $Z=1.07$m 10mm×10mm 陶瓷拉西环填料
2		填料解吸塔	填料塔内径 $d=100$mm 填料层高度 $Z=1.07$m 10mm×10mm 不锈钢鲍尔环填料
3	F1	二氧化碳质量流量计	$0.1 \sim 1$L/min
4	F2	吸收塔空气质量流量计	$0 \sim 10$L/min
5	F3	样品分析转子流量计	LZB-10W，$0.1 \sim 1$L/min
6	F4	吸收液转子流量计	$40 \sim 400$L/h

続表

序号	位号	名　称	规格、型号
7	F5	解吸液转子流量计	40~400L/h
8	F6	解吸塔空气转子流量计	LZB-40,4~40m³/h
9	T1	吸收塔混合气体温度计	Pt100,温度传感器
10	T2	吸收塔吸收液出口温度计	Pt100,温度传感器
11	T3	解吸塔空气温度计	Pt100,温度传感器
12	T4	解吸塔液体温度计	Pt100,温度传感器
13	A1	二氧化碳浓度检测仪	测量范围(0~20%)
14	P1~P3	文丘里压差计	压差传感器(0~20kPa)
15	L1	磁翻转液位计	$L=400mm$,有机玻璃
16	L2	磁翻转液位计	$L=500mm$,有机玻璃
17	P6、P7	U形管压差计	玻璃材质
18	S1	离心泵1变频器	0~50Hz
19	S2	离心泵2变频器	0~50Hz
20	S3	旋涡风机变频器	0~50Hz
21		空气开关带漏电保护	380V,正泰
22		接触器	CJX2-1801-220V 线圈
23		继电器	220V 线圈
24		红按钮	点触式,带灯
25		绿按钮	点触式,带灯
26		电线	5×2.5 黑胶皮线
27		数据转接块	USR-DR302,485 转网口
28		交换机	
29		接线板	三位 5 开孔,不带开关
30		开关电源	HDR-30-24
31		PLC	西门子 CPU ST20
32		触摸屏	戴尔(DELL)
33		开关电源	正负 15V
34	V1~V15	不锈钢阀门	球阀、针形阀和闸板阀

实验装置流程示意见图 6-2。具体流程:由自来水源来的水送入填料塔塔顶经喷头喷淋在填料顶层。由风机送来的空气和由二氧化碳钢瓶来的二氧化碳混合后,一起进入气体混合罐,然后再进入塔底,与水在塔内进行逆流接触,进行质量和热量的交换,由塔顶出来的尾气放空,由于本实验为低浓度气体的吸收,所以热量交换可忽略,整个实验过程可看成等温操作。

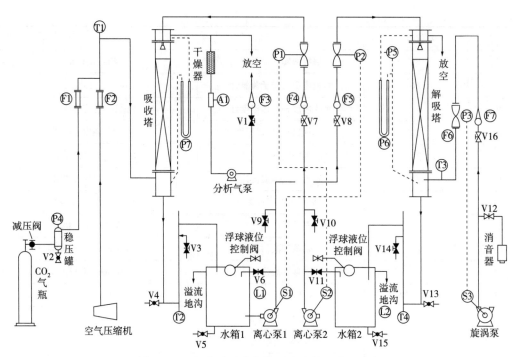

图 6-2 二氧化碳吸收与解吸实验装置流程示意

F1—二氧化碳质量流量计；F2、F7—空气质量流量计；F3—样品分析转子流量计；F4—吸收液转子流量计；

F5—解吸液转子流量计；F6—解吸气转子流量计；A1—二氧化碳浓度检测仪；P1、P2、P3—文丘里压差计；

P4—缓冲罐压力计；P5—解吸塔压差传感器；P6、P7—U 形管压差计；L1、L2—磁翻转液位计；

T1—吸收塔混合气体温度计；T2—吸收塔吸收液出口温度计；T3—解吸塔空气温度计；T4—解吸塔液体温度计；

V1—样品分析流量计流量调节阀；V2—稳压罐放液阀；V3、V9、V10、V14—取样阀；

V4、V5、V13、V15—放液阀；V6、V11—循环阀；V7—吸收液体流量调节阀；

V8—解吸液体流量调节阀；V12—离心泵 2 旁路调节阀；V16—解吸气体流量调节阀

实验装置仪表面板示意见图 6-3。

6.5 实验方法及步骤

1. 实验前准备工作

① 向水箱 1 和水箱 2 中加入蒸馏水或去离子水至水箱 2/3 处，接通实验装置电源仪表。

② 检查仪表是否正常，记录仪表初始值。

③ 检查二氧化碳气稳压罐内压力在 0.1MPa 左右。

④ 设定空气质量流量计和二氧化碳质量流量计的流量为 0L/min。

2. 解吸塔干填料层($\Delta P/Z$)-u 关系曲线测定实验

① 调节旁路调节阀 V12 至全开，启动旋涡泵。

② 打开空气质量流量计 F7 下的阀门 V16，先利用 V16 调节空气流量，当阀门 V16 全开仍旧无法满足实验气量时，可以利用旁路调节阀 V12 来辅助增大空气流量。

③ 调节好进塔的空气流量并稳定后，读取解吸塔 U 形管压差计 P6 的数据，并记录空气质量流量 F7 的数据，然后改变空气流量测取下一组数据。

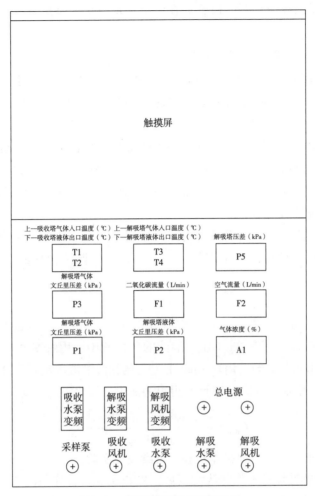

图 6-3　实验装置仪表面板示意

④ 整组实验要求空气流量从小到大共测取 6~10 组数据，全部完成后，全开旁路调节阀 V12，关闭阀门 V16，停泵。

⑤ 对实验数据进行分析处理，并以此为依据在对数坐标纸上以空塔气速 u 为横坐标，单位高度的压降$(\Delta P/Z)$为纵坐标，标绘出干填料层$(\Delta P/Z)$-u 关系曲线。

3. 解吸塔在不同喷淋量下填料层$(\Delta P/Z)$-u 关系曲线测定实验

① 分别启动离心泵 1 和离心泵 2，将流量计 F4 和 F5 的水流量固定在 140L/h 左右（水流量大小可因设备调整）。

② 采用前面干填料塔操作相同步骤调节空气流量，在液相流量不变的情况下，每改变一个空气流量并全塔运行稳定后，分别读取并记录填料层 U 形管压差计 P6、P7 的数据，转子流量计 F3、空气质量流量计 F7 的数据和流量计处所显示的空气温度，注意观察和记录塔内现象。

③ 操作中一旦出现液泛现象，立即记下对应空气质量流量计 F7 的数据及对应的填料层压降 P5 的数据，然后尽快将空气流量调低，防止塔体填料层上端因积液过多而溢出。

④ 根据实验数据（如前面干填料情况一样），在对数坐标纸上标出液体喷淋量为 140L/h

时的$(\Delta P/Z)$-u关系曲线(见图6-1),并在图上确定液泛气速,与观察到的实际液泛气速相比较是否吻合。

4. 二氧化碳吸收传质系数测定实验

① 关闭设备所有阀门,分别启动离心泵1和离心泵2后,全开泵循环阀V6和V11。

② 利用阀V7和V8,分别调节吸收液转子流量计F4和解吸液转子流量计F5,流量调节到100L/h左右。

③ 待水从吸收塔顶喷淋而下,从吸收塔底的π形管尾部流出后,启动气泵,调节吸收塔空气质量流量计F2到指定流量,同时打开二氧化碳钢瓶调节减压阀,调节二氧化碳质量流量计F1,二氧化碳与空气按体积流量的比例在10%~20%计算出二氧化碳的空气流量。启动旋涡气泵调节流量到5m³/h。

④ 控制吸收过程约15min并观察运行状态稳定以后,通过T2测取塔底吸收液的温度,同时通过二氧化碳检测仪检测塔顶二氧化碳含量,塔底取液相样品,分析其中二氧化碳含量。

⑤ 溶液二氧化碳含量测定:

用移液管吸取0.1mol/L左右的Ba(OH)₂溶液10mL,放入三角瓶中;从取样口处接收塔底溶液$V_{溶液}$=20mL倒入盛有Ba(OH)₂溶液的三角瓶中,用胶塞塞好并振荡。加入1~2滴甲酚红(或酚酞)指示剂摇匀,用0.1mol/L左右的盐酸溶液滴定到粉红色消失即停止,记录下盐酸溶液的体积用量。按式(13)计算得出溶液中二氧化碳的浓度:

$$C_{CO_2} = \frac{2C_{Ba(OH)_2}V_{Ba(OH)_2} - C_{HCl}V_{HCl}}{2V_{溶液}} \tag{13}$$

⑥ 改变液体流量,重复上述操作步骤,继续完成实验。

⑦ 全部实验数据测取完成并确认无误后,停止实验。首先关闭二氧化碳气瓶总阀门,打开阀门V12,流量计F2、F5调零后关闭气泵和旋涡气泵,此时液体继续喷淋3~5min后再关闭离心泵1和离心泵2。

⑧ 试验结束,关闭总电源,一切复原。

6.6 实验注意事项

① 开启CO_2气瓶总阀门之前,要先关闭减压阀,将CO_2流量调节阀全开。

实验进行中要全程保持CO_2气体流量稳定。

② 二氧化碳气稳压罐内压力一定要保持在0.1MPa左右,否则二氧化碳气体无法进入吸收塔中。

③ 实验中要注意尾气浓度保持稳定6min以上方可测取实验数据。

④ 实验中要注意保持流量计F3和流量计F4数值一致,并保证实验时操作条件不变。

⑤ 注意观察实验现象,一旦出现液泛应立即记录实验数据并把空气流量减小,避免发生故障。

⑥ 由于CO_2气体在水中的溶解度较小,容易从液体中析出,所以在操作分析CO_2浓度时,动作要迅速,以避免CO_2从液体中析出而导致结果不准确。

6.7 原始实验数据表

干填料和湿填料的填料塔流体力学性能测定见表6-2、表6-3，传质实验数据见表6-4。

表6-2　填料塔流体力学性能测定(干填料)

$L=0$L/h		填料层高度 $Z=$ m		塔径 $D=$ m	
序号	填料层压降 $\Delta P/\text{mmH}_2\text{O}$	单位高度填料层压降 $\Delta P/\text{mmH}_2\text{O}$	空气转子流量计读数 $V/(\text{m}^3/\text{h})$	空塔气速 $u/(\text{m/s})$
1				
2				
…				

表6-3　填料塔流体力学性能测定(湿填料)

$L=$ L/h		填料层高度 $Z=$ m		塔径 $D=$ m	
序号	填料层压降 $\Delta P/\text{mmH}_2\text{O}$	单位高度填料层压降 $\Delta P/\text{mmH}_2\text{O}$	空气转子流量计读数 $V/(\text{m}^3/\text{h})$	空塔气速 $u/(\text{m/s})$	操作现象
1					
2					
…					

表6-4　填料塔传质实验数据(大气压力 $P_0=1.013\times10^5\text{Pa}$)

序号	名　称		实验数据
1	填料塔参数	填料陶瓷拉西环	
		填料层高度/m	
		填料塔直径/m	
2	CO_2 流量测定	CO_2 转子流量计读数 $V_{转}/(\text{m}^3/\text{h})$	
		填料塔气体转子流量计处温度 $t_1/℃$	
		CO_2 密度 $\rho_{CO_2}/(\text{kg/m}^3)$	
		CO_2 实际体积流量 $V_{CO_2实}/(\text{m}^3/\text{h})$	
3	空气流量测定	空气转子流量计读数 $V_{转}/(\text{m}^3/\text{h})$	
		空气密度 $\rho_{空气,t_1}/(\text{kg/m}^3)$	
		空气实际流量 $V_{空气实}/(\text{m}^3/\text{h})$	
		空气流量 $V_{空气}/(\text{kmol/h})$	

序号	名 称		实验数据
4	水流量测定	水转子流量计读数 $L/(L/h)$	
		水流量 $L_{H_2O}/(kmol/h)$	
5	CO_2 浓度测定	$Ba(OH)_2$ 标准溶液浓度 $C_{Ba(OH)_2}/(mol/L)$	
		$Ba(OH)_2$ 标准溶液体积 $V_{Ba(OH)_2}/mL$	
		盐酸标准溶液浓度 $C_{HCl}/(mol/L)$	
		滴定塔底吸收液用盐酸标液体积 V_{HCl}/mL	
		塔底吸收液样品体积 $V_{溶液}/mL$	
		塔底液相浓度 $C_{A1}/(kmol/m^3)$	
		X_1	
		滴定塔顶吸收液用盐酸标液体积 V_{HCl}/mL	
		塔顶液相浓度 $C_{A2}/(kmol/m^3)$	
		X_2	
6	计算数据	吸收塔塔底液相温度 $t_2/℃$	
		亨利常数 $E×10^8/Pa$	
		CO_2 溶解度常数 $H×10^{-7}/[kmol/(m^3 \cdot Pa)]$	
		Y_1	
		y_1	
		平衡浓度 $C_{A1}^*/(kmol/m^3)$	
		Y_2	
		y_2	
		平衡浓度 $C_{A2}^*/(kmol/m^3)$	
		$C_{A1}^*-C_{A1}/(kmol/m^3)$	
		$C_{A2}^*-C_{A2}/(kmol/m^3)$	
		平均推动力 $\Delta C_{Am}/(kmol/m^3)$	
		液相传质总系数 $K_L a/[kmol/(m^3 \cdot s)]$	
		吸收率/%	

6.8 实验报告要求

① 将实验数据和数据整理结果列在数据表中, 并以其中一组数据为例写出详细计算过

程(组员间选取不同数据计算)。

② 作出塔压降 $\Delta P/Z$ 与气速 u 的关系图,确定液泛速度。

6.9 思考题

① 测定填料塔的 $(\Delta P/Z)-u$ 关系曲线有何实际意义?流体通过干填料压降与湿填料压降有什么异同?

② 本实验中,为什么塔底要有液封?液封高度如何计算?

③ 测定 $K_L a$ 有什么工程意义?

④ 为什么二氧化碳吸收过程属于液膜控制?

⑤ 当气体温度和液体温度不同时,应用什么温度计算亨利系数?

⑥ 如果改变吸收剂的入口温度,操作线和平衡线将如何变化?

⑦ 在实验的过程中,是否可以随时滴定分析塔底吸收液的浓度?为什么?

⑧ 如何确定液泛点气速?

⑨ 实际操作选择气相流量的依据是什么?

⑩ 溶剂量和气体量的多少对传质系数有什么影响? Y_2 如何变化(从推动力和阻力两方面分析其原因)?

7 筛板精馏塔分离实验

7.1 实验目的

① 了解精馏单元操作的工作原理，了解板式精馏塔的结构及精馏基本流程。

② 熟悉筛板精馏塔的操作方法，观察塔板上气、液接触状态，了解并能够消除精馏操作中出现的异常现象。

③ 掌握板式精馏塔全塔效率、理论板数的测定方法，了解连续精馏操作中可变因素对精馏塔性能的影响。

④ 了解 DCS 控制系统对精馏塔的控制方法，了解塔釜液位、进料温度、回流比等的控制原理和操作方法。

7.2 实验任务

① 观察精馏塔开车过程中，在全回流条件下，塔顶温度随时间的变化情况，观察精馏塔在全回流操作稳定后，塔内温度沿塔高的分布情况。

② 测定精馏塔在全回流条件下，稳定操作后的全塔理论塔板数和总板效率。

③ 测定精馏塔在全回流条件下，稳定操作后的单板效率。

④ 测定精馏塔在部分回流条件下，稳定操作后的全塔理论塔板数和总板效率。

7.3 基本原理

在板式精馏塔中，塔板是气、液两相接触的场所，在塔板上气、液两相密切接触，完成热量和质量的交换。因此，塔板效率是反映塔板性能及操作好坏的主要指标。影响塔板效率的因素很多，概括起来有物系性质、塔板结构及操作条件三个方面。表示塔板效率的方法常用单板效率和全塔效率。单板效率是评价塔板好坏的重要数据。对于不同的塔板类型，在实验时保持相同的体系和操作条件，对比它们的单板效率就可以确定其优劣，因此在科研中常常被应用。全塔效率的数值在设计中应用很广泛，一般通过实验测定。

1. 全塔效率 E_T

对于二元物系，如已知其气液平衡数据，则根据精馏塔的原料液组成、进料热状况、操作回流比及塔顶馏出液组成、塔底釜液组成等数据，即可根据双组分物系的相平衡关系，在 $y-x$ 图上通过图解法求得理论板数 N_T，而塔内的实际板数 N_P 为已知，按照公式（1）可以得到全塔效率 E_T。

$$E_T = \frac{N_T}{N_P} \times 100\%$$ (1)

式中　N_T——理论板数(不含塔釜);

　　　N_P——塔内实际板数。

全塔效率简单地反映了整个塔内塔板的平均效率,说明了塔板结构、物性系数、操作状况对塔分离能力的影响。对于塔内所需理论板数 N_T,可由已知的双组分物系的相平衡关系,以及实验中测得的塔顶馏出液、塔底釜液的组成,回流比 R 和热状况 q 等,用图解法求得。

2. 单板效率 E_M

单板效率又称莫弗里板效率,是指气相或液相经过一层实际塔板前后的组成变化值与经过一层理论塔板前后的组成变化值之比。

按气相组成变化表示的单板效率为:

$$E_{MV} = \frac{y_n - y_{n+1}}{y_n^* - y_{n+1}}$$ (2)

按液相组成变化表示的单板效率为:

$$E_{ML} = \frac{x_{n-1} - x_n}{x_{n-1} - x_n^*}$$ (3)

式中　y_n、y_{n+1}——离开第 n、$n+1$ 块塔板的气相组成,%(摩);

　　　x_{n-1}、x_n——离开第 $n-1$、n 块塔板的液相组成,%(摩);

　　　y_n^*——与 x_n 呈平衡的气相组成,%(摩);

　　　x_n^*——与 y_n 呈平衡的液相组成,%(摩)。

3. 部分回流

部分回流时,通过实验测得塔顶馏出液组成和塔底釜液组成、进料组成、进料热状况等,在 y-x 图上确定出精馏段操作线方程、q 线方程及提馏段操作线方程,利用图解法求得理论板数 N_T。

图解法又称麦卡勃-蒂列(McCabe-Thiele)法,简称 M-T 法,其原理与逐板计算法完全相同,只是将逐板计算过程在 y-x 图上直观地表示出来。

精馏段的操作线方程为:

$$y_{n+1} = \frac{R}{R+1} x_n + \frac{x_D}{R+1}$$ (4)

式中　y_{n+1}——精馏段第 $n+1$ 块塔板上升的蒸气组成,%(摩);

　　　x_n——精馏段第 n 块塔板下流的液体组成,%(摩);

　　　x_D——塔顶馏出液的液体组成,%(摩);

　　　R——泡点回流下的回流比。

提馏段的操作线方程为:

$$y_{m+1} = \frac{L'}{L'-W} x_m - \frac{Wx_W}{L'-W}$$ (5)

式中　y_{m+1}——提馏段第 $m+1$ 块塔板上升的蒸气组成,%(摩);

x_m——提馏段第 m 块塔板下流的液体组成,%(摩);

x_W——塔底釜液的液体组成,%(摩);

L'——提馏段内下流的液体量,kmol/s;

W——釜液流量,kmol/s。

加料线(q 线)方程可表示为:

$$y = \frac{q}{q-1}x - \frac{x_F}{q-1} \qquad (6)$$

其中,进料热状况参数的计算式为:

$$q = \frac{c_{pm}(t_{BP}-t_F)+r_m}{r_m} \qquad (7)$$

式中 t_F——进料温度,℃;

t_{BP}——进料的泡点温度,℃;

c_{pm}——进料液体在平均温度(t_F+t_P)/2 下的定压比热容,kJ/(kmol·℃);

r_m——进料液体在其组成和泡点温度下的汽化潜热,kJ/kmol。

$$c_{pm} = c_{P1}M_1x_1 + c_{P2}M_2x_2 \qquad (8)$$
$$r_m = r_1M_1x_1 + r_2M_2x_2 \qquad (9)$$

式中 c_{P1}、c_{P2}——分别为纯组分 1 和组分 2 在平均温度下的定压比热容,kJ/(kg·℃);

r_1、r_2——分别为纯组分 1 和组分 2 在泡点温度下的汽化潜热,kJ/kg;

M_1、M_2——分别为纯组分 1 和组分 2 的摩尔质量,kJ/kmol;

x_1、x_2——分别为纯组分 1 和组分 2 在进料中的液体组成,%(摩)。

回流比 R 的确定:

$$R = \frac{L}{D} \qquad (10)$$

式中 L——回流液量,kmol/s;

D——馏出液量,kmol/s。

式(10)只适用于泡点下回流时的情况,而实际操作时为了保证上升气流能被完全冷凝,冷却水量一般都比较大,回流液温度往往低于泡点温度,即冷液回流。

如图 7-1 所示,从全凝器出来的温度为 t_R、流量为 L 的液体回流进入塔顶第一块板,由于回流温度低于第一块塔板上的液相温度,离开第一块塔板的一部分上升蒸气将被冷凝成液体,这样,塔内的实际流量将大于塔外回流量。

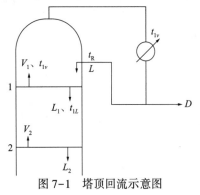

图 7-1 塔顶回流示意图

对第一块板作物料、热量衡算:

$$V_1 + L_1 = V_2 + L \qquad (11)$$
$$V_1 I_{V_1} + L_1 I_{L_1} = V_2 I_{V_2} + L I_L \qquad (12)$$

对式(11)、式(12)整理、化简后,近似可得:

$$L_1 \approx L\left[1 + \frac{c_p(t_{1L}-t_R)}{r}\right] \qquad (13)$$

即实际回流比 R_1 为:

$$R_1 = \frac{L_1}{D} \qquad (14)$$

$$R_1 = \frac{L\left[1 + \dfrac{c_p\left(t_{1L} - t_{\mathrm{R}}\right)}{r}\right]}{D} \tag{15}$$

式中　　　V_1、V_2——离开第 1、2 块板的气相摩尔流量，kmol/s；

L_1——塔内实际液流量，kmol/s；

I_{V_1}、I_{V_2}、I_{L_1}、I_L——对应 V_1、V_2、L_1、L 下的焓值，kJ/kmol；

r——回流液组成下的汽化潜热，kJ/kmol；

c_p——回流液在 t_{1L} 与 t_{R} 平均温度下的平均定压比热容，kJ/(kmol·℃)。

（1）全回流操作

全回流操作时，操作线在 y-x 图上为对角线，如图 7-2 所示，根据塔顶馏出液、塔底釜液的组成在操作线和平衡线间作梯级，即可得到理论塔板数。

（2）部分回流操作

部分回流操作时，如图 7-3 所示，图解法的主要步骤为：

① 根据物系和操作压力在 y-x 图上作出相平衡曲线，并画出对角线作为辅助线；

② 在 x 轴上定出 $x = x_\mathrm{D}$、x_F、x_W 三点，依次通过这三点作垂线分别交对角线于点 a、f、b；

③ 在 y 轴上定出 $y_\mathrm{C} = x_\mathrm{D}/(R+1)$ 的点 c，连接 a、c 作出精馏段操作线；

④ 由进料热状况求出 q 线的斜率 $q/(q-1)$，过点 f 作出 q 线交精馏段操作线于点 d；

⑤ 连接点 d、b 作出提馏段操作线；

⑥ 从点 a 开始在平衡线和精馏段操作线之间画阶梯，当梯级跨过点 d 时，就改在平衡线和提馏段操作线之间画阶梯，直至梯级跨过点 b 为止；

⑦ 所画的总阶梯数就是全塔所需的理论塔板数（包含再沸器），跨过点 d 的那块板就是加料板，其上的阶梯数为精馏段的理论塔板数。

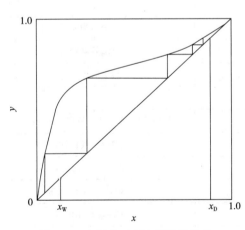

图 7-2　全回流时理论板数的确定

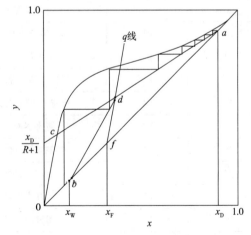

图 7-3　部分回流时理论板数的确定

7.4　实验装置

精馏实验装置主要设备、测量仪表型号及结构参数见表 7-1。

表 7-1　精馏实验装置主要设备、测量仪表型号及结构参数

序号	位号	名　称	规格、型号
1		筛板精馏塔	塔内径 76mm，板间距 120mm
2		原料罐	φ300mm，高 500mm
3		玻璃塔顶产品储罐	φ150mm×5mm，高 260mm
4		玻璃塔釜产品储罐	φ150mm×5mm，高 260mm
5		高位槽	长 300mm×宽 100mm×高 200mm
6		进料离心泵	WB50/025（醇）380V
7		冷却水泵	WB50/025（醇）380V
8		变频器	0~50Hz
9		触摸屏	23.8 英寸（in），戴尔（DELL）
10		数据转接块	USR-DR302，485 转网口
11		进料预热器	电加热最大功率 400W
12		塔釜再沸器	电加热最大功率 5kW
13		塔顶冷凝器	φ89mm，长 450mm
14		塔釜冷却器	φ76mm，长 200mm
15	T1	塔顶温度计	PT100，AI706 多路显示仪表
16	T2~T4	塔板温度计	PT100，AI706 多路显示仪表
17	T5	塔釜温度计	PT100，AI704 多路显示仪表
18	T6	回流液温度计	PT100，AI704 多路显示仪表
19	T7	进料预热器温度计	PT100 远传显示和控制
20	T8	冷却水温度计	
21	P1	塔釜压力计	0~6kPa
22	L3	储料罐液位计	玻璃管液位计
23	L1	塔顶产品储罐液位计	玻璃管液位计
24	L4	塔釜产品储罐液位计	
25	L2	再沸器液位计	磁翻转液位计，量程 0~560mm
26	L3	储料罐液位计	玻璃管液位计
27	F1	进料流量计	LZB-4（1~10L/h）
28	F2	冷却水流量计	LZB-10（16~160L/h）
29	F3	釜残液流量计	LZB-4（1~10L/h）
30		摆锤回流比	回流比范围 1~99
31		回流比控制器	LST-5LS 数显控制仪表
32	E1	塔釜加热器	量程 0~220V，远传显示和控制
33	V1~V37	不锈钢阀门	球阀、针形阀和闸板阀

筛板精馏实验装置流程示意见图7-4。

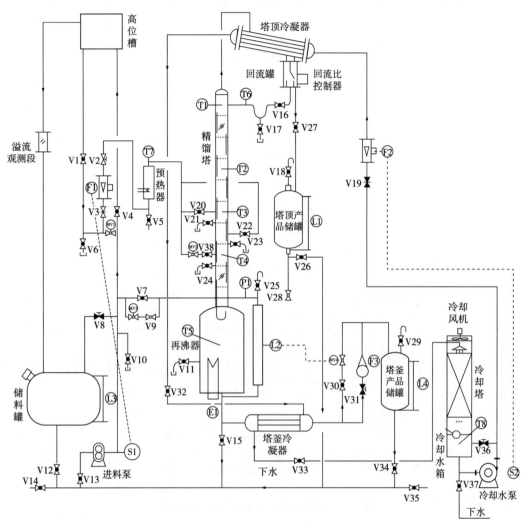

图7-4 筛板精馏实验装置流程示意

T1～T8—温度计；L1～L4—液位计；F1、F2、F3—流量计；E1—加热器；P1—塔釜压力计；

MV1、MV2、MV3、MV4—电动调节球阀；V1—进料开关阀；V2、V3—进料调节阀；V4—高位槽进料阀；

V5、V6、V14、V28、V35—放液阀；V7、V9—进料阀；V8—进料控制阀；

V10、V11、V12、V17、V21、V23、V24—取样阀；V13—进口流量调节阀；V15、V26、V27、V34—出料阀；

V16—回流液量调节阀；V18、V25、V29—排气阀；V19、V32、V33、V36—冷却水调节阀；

V20、V22、V38—塔体间接进料阀；V30、V31—流量调节阀；V37—放水阀

筛板精馏实验装置仪表面板示意见图7-5。

7.5 实验方法及步骤

1. 实验前检查准备工作

本实验采用触摸屏操作，所以相应的开关按钮集中安放，其显示仪表一目了然，进料泵和水泵的流量是通过在触摸屏上改变其电机转速来调节的。

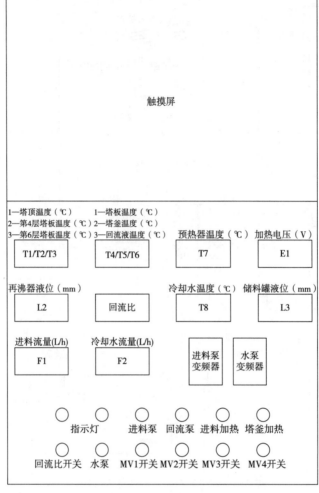

图 7-5 筛板精馏实验装置仪表面板示意

① 检查实验装置上各个阀门位置，启动计算机并进入 DCS 控制。

② 开启总电源，查看触摸屏是否处于正常状态。

③ 配制一定浓度(质量分数 10%~20%)的乙醇-水混合液，在确定每个阀门都处于正常位置下，将原料液加入再沸器。

④ 启动进料泵开关，打开直接进料阀 V7，全开塔釜排气阀 V25，向精馏釜内加料到指定高度(冷液面在塔釜总高 2/3 处)，而后关闭直接进料阀 V7 和进料泵。

2. 实验操作

(1) 全回流操作

① 打开塔顶冷却水调节阀 V19，保证冷却水足量(60~80L/h)。

② 接通塔釜加热器电源，设定加热功率，调节加热电压约为 130V 开始加热。

③ 当塔釜液体开始沸腾时，注意观察塔内气液接触状况，当塔顶有液体回流并且塔板上建立液层后再适当调整加热功率，一般加大电压(加大多少视实际情况而定)，使塔内维持正常操作。

④ 当看到塔板上气液两相鼓泡均匀且回流罐回流稳定后，保持塔釜加热电压不变，随时观察塔内传质情况，保持操作稳定 20min 左右，然后分别在塔顶、塔釜取样口用 50mL 具塞三角瓶同时取样，通过密度-质量分数法分析样品浓度。

（2）部分回流操作

① 待全回流测量完毕后，准备开始部分回流实验。打开冷却水调节阀 V19 和 V32，调节转子流量计 F2，冷却水流量以保证塔釜馏出液温度接近室温为宜。

② 启动进料泵，打开进料控制阀 V8，选择好塔体进料位置，并开启相应阀门，调节转子流量计 F1，按指定进料量向塔内进料。

③ 打开回流液量调节阀 V16，利用回流比控制调节器调节好回流比 $R(R=1\sim4)$，全开塔顶产品储罐放空阀 V18，塔顶馏出液收集在塔顶产品储罐中。

④ 待操作稳定后，注意观察塔板上传质状况，记录下塔釜加热电压 E1、塔顶温度 T1 等相关读数，整个操作过程中维持进料流量计读数不变，分别在塔顶、塔釜和进料口三处取样，用密度-质量分数法分析其相应浓度，并记录进塔原料液的温度。

3. 实验结束

① 测取完整实验数据并检查确认无误后停止实验，此时顺序为：关闭进料阀门 V8，停进料泵，关闭 E1 开关，关闭 V16 和回流比控制器开关。

② 停止加热 10min 后再关闭冷却水，关闭总电源，一切复原。

③ 根据物系的 $t-x-y$ 关系，确定部分回流条件下进料的泡点温度，并进行数据处理。

7.6　实验注意事项

① 由于实验所用物系属易燃物品，所以实验中要特别注意安全操作，避免洒落物料发生危险。

② 塔釜的料液量一定要在塔釜的 2/3~3/4 处，实验设备具有自锁、联动功能，当塔釜液位低于规定时，塔釜加热器将会停止加热，当塔釜液位高于出料口位置时，出料电磁阀自动打开，塔釜内液体自动出料。

③ 本实验设备加热功率由仪表自动调节，注意控制加热速率，升温要缓慢，以免发生爆沸(过冷沸腾)致使釜液从塔顶冲出。若出现此现象应立即断电重新操作。升温和正常操作过程中釜的电功率不能过大。

④ 开车时要先接通冷却水再向塔釜供热，停车时操作顺序反之。

⑤ 为便于对全回流和部分回流的实验结果(塔顶产品质量)进行比较，应尽可能使两组实验的加热电压及所用料液浓度相同或相近。

⑥ 连续实验时，应将前一次实验留存在塔釜、塔顶产品储罐、塔釜产品储罐内的料液倒回原料液储罐中，配制好符合实验浓度要求的原料液循环使用。这一步也可以在整个实验结束后进行，待精馏塔内温度降至室温时才可操作。

7.7　原始实验数据表

筛板精馏塔分离实验原始数据记录及处理结果见表 7-2。

表 7-2　筛板精馏塔分离实验原始数据记录及处理结果

实际塔板数：　　　块　　　　　　　实验物系：乙醇-水

项　　目	全回流 R=∞		部分回流 R=	进料量=　L/h	进料温度 t=　℃
	塔顶组成	塔釜组成	塔顶组成	塔釜组成	进料组成
$\rho/(\text{g/mL})$					
质量分数					
摩尔分数					
全塔效率 $E_T/\%$					

7.8　实验报告要求

① 将实验数据和数据整理结果列在数据表中，并以其中一组数据为例写出详细计算过程(组员间选取不同数据计算)。

② 按全回流和部分回流分别用图解法计算理论板数。

③ 计算出全回流和部分回流操作条件下的理论板数、总板效率，分析回流比对精馏过程的影响。

④ 分析并讨论实验过程中观察到的现象。

7.9　思考题

① 测定全回流和部分回流总板效率与单板效率时各需测几个参数？取样位置在何处？

② 全回流时测得板式塔上第 n、$n-1$ 层液相组成后，如何求得 x_n^*？部分回流时，又如何求 x_n^*？

③ 影响精馏塔操作稳定性的因素有哪些？如何判断精馏塔内的气液已达稳定状态？

④ 若测得单板效率超过 100%，作何解释？

⑤ 在工程实际中何时采用全回流操作？

⑥ 进料状态对精馏塔的操作有何影响？q 线方程如何确定？

⑦ 试分析实验结果成功或失败的原因，提出改进意见。

8　循环风洞道干燥实验

8.1　实验目的

① 了解洞道式干燥器的结构和流程。

② 练习并掌握恒定干燥条件下物料干燥曲线和干燥速率曲线的测定方法，了解影响干燥速率曲线的因素。

③ 练习物料含水量的测定方法，加深对物料临界含水量 X_c 的概念及其影响因素的理解。

④ 练习并掌握恒速干燥阶段物料与干燥介质(本实验为空气)之间对流传热系数的测定方法。

8.2　实验任务

① 在固定空气流量和空气温度条件下，测定并绘制某种物料干燥曲线、干燥速率曲线，确定恒速干燥速率和该物料的临界含水量 X_c。

② 测定恒速干燥阶段该物料与空气之间的对流传热系数。

8.3　实验原理

当湿物料与干燥介质接触时，物料表面的水分开始汽化，并向周围介质传递。根据干燥过程中不同时期的特点，干燥过程可分为两个阶段。

第一阶段为恒速干燥阶段。干燥过程开始时，由于整个物料的湿含量较大，其物料内部水分能迅速到达物料表面，此时干燥速率由物料表面水分的汽化速率所控制，故此阶段称为表面汽化控制阶段。这个阶段中，干燥介质传给物料的热量全部用于水分汽化，物料表面温度维持恒定(等于热空气湿球温度)，物料表面的水蒸气分压也维持恒定，干燥速率恒定不变，故称为恒速干燥阶段。

第二阶段为降速干燥阶段。当物料被干燥至水分达到临界含水量 X_c 后，便进入降速干燥阶段。此时物料中所含水分较少，水分自物料内部向表面传递的速率低于物料表面水分的汽化速率，干燥速率由水分在物料内部的传递速率所控制，称为内部迁移控制阶段。随着物料湿含量逐渐减少，物料内部水分的迁移速率也逐渐降低，干燥速率不断下降，故称为降速干燥阶段。

恒速干燥阶段干燥速率和临界含水量的影响因素主要有：固体物料的种类和性质；固体物料层的厚度或颗粒大小；空气的温度、湿度和流速；空气与固体物料间的相对运动方式等。

恒速干燥阶段干燥速率和临界含水量是干燥过程研究和干燥器设计的重要数据。本实验在恒定干燥条件下对帆布物料进行干燥，测绘干燥曲线和干燥速率曲线，目的是掌握恒速干燥阶段干燥速率和临界含水量的测定方法及其影响因素。

1. 干燥速率测定

$$U = \frac{dW'}{S d\tau} \approx \frac{\Delta W'}{S \Delta \tau} \qquad (1)$$

式中　U——干燥速率，$kg/(m^2 \cdot h)$；

　　　S——干燥面积，m^2（实验室现场提供）；

　　　$\Delta\tau$——时间间隔，h；

　　　W'——物料在干燥器中失去的水分质量流率，kg/h；

　　　τ——物料在干燥器中的干燥时间，h；

　　　$\Delta W'$——$\Delta\tau$ 时间间隔内干燥汽化的水分量，kg。

2. 物料干基含水量

$$X = \frac{G' - G_c'}{G_c'} \qquad (2)$$

式中　X——物料干基含水量，$kg_水/kg_{绝干物料}$；

　　　G'——固体湿物料的量，kg；

　　　G_c'——绝干物料量，kg。

3. 恒速干燥阶段，物料表面与空气之间对流传热系数的测定

$$U_c = \frac{dW'}{S d\tau} = \frac{dQ'}{r_{t_w} S d\tau} = \frac{\alpha(t - t_w)}{r_{t_w}}$$

$$\alpha = \frac{U_c \cdot r_{t_w}}{t - t_W} \qquad (3)$$

式中　α——恒速干燥阶段物料表面与空气之间的对流传热系数，$W/(m^2 \cdot ℃)$；

　　　U_c——恒速干燥阶段的干燥速率，$kg/(m^2 \cdot h)$；

　　　t_w——干燥器内空气的湿球温度，$℃$；

　　　t——干燥器内空气的干球温度，$℃$；

　　　Q'——总热消耗量，kJ/h 或 kW；

　　　r_{t_w}——$t_w℃$下水的汽化热，J/kg。

4. 干燥器内空气实际体积流量计算

由孔板流量计的流量公式和理想气体状态方程式可推导出：

$$V_t = V_{t_0} \times \frac{273 + t}{273 + t_0} \qquad (4)$$

式中　V_t——干燥器内空气实际流量，m^3/s；

　　　t_0——流量计处空气的温度，$℃$；

　　　V_{t_0}——常压下 $t_0℃$ 时空气的流量，m^3/s；

　　　t——干燥器内空气的温度，$℃$。

$$V_{t_0} = C_0 \times A_0 \times \sqrt{\frac{2 \times \Delta P}{\rho}} \qquad (5)$$

$$A_0 = \frac{\pi}{4} d_0^2 \qquad (6)$$

式中　C_0——流量计流量系数，$C_0 = 0.65$；

d_0——节流孔开孔直径，$d_0 = 0.035 \mathrm{m}$；

A_0——节流孔开孔面积，m^2；

ΔP——节流孔上下游两侧压力差，Pa；

ρ——孔板流量计处 t_0 时空气的密度，$\mathrm{kg/m}^3$。

8.4 实验装置

干燥实验装置基本参数和仪表型号见表 8-1。

表 8-1 干燥实验装置基本参数和仪表型号

序号	位号	名 称	规格、型号
1		风机	CX-75
2		洞道干燥器	长 1.16m×宽 0.19m×高 0.24m
3	T1	干球温度传感器	Pt100 热电阻
4		数显温度计	AI519BX3 数显仪表
5	T2	湿球温度传感器	Pt100 热电阻
6		数显温度计	AI501B 数显仪表
7	W1	质量传感器	0~200g
8		数显质量流量计	AI501BV24 数显仪表
9	F1	孔板流量计	孔径 ϕ35mm
10	P1	压差传感器	SM9320DP，0~10kPa
11		数显压差计	AI501BV24 数显仪表
12	T3	温度传感器	Pt100 热电阻
13		数显温度计	AI501B 数显仪表
14		干燥物料	帆布，0.165m×0.081m
15	S1	变频器	E310-401-H3BCDC

实验装置流程示意见图 8-1。

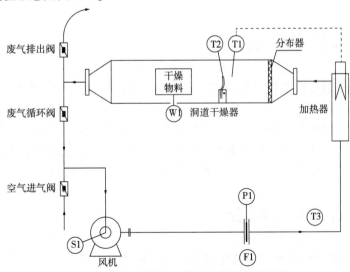

图 8-1 循环风洞道干燥实验装置流程示意

T1—干球温度计；T2—湿球温度计；T3—空气进口温度计；W1—质量传感器；F1—孔板流量计；P1—压差传感器；S1—变频器

实验装置仪表面板示意见图8-2。

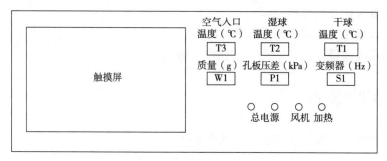

图 8-2 循环风洞道干燥实验装置仪表面板示意

8.5 实验方法及步骤

① 将干燥物料(帆布)放入水中充分浸湿备用,将放置湿球温度计纱布的储水瓶内添加适量水,使瓶内水位上升至适当位置。

② 打开空气进气阀到全开位置后启动风机。

③ 通过废气排出阀和废气循环阀调节空气到指定流量,然后接通加热电源。在智能仪表中设定干球温度,仪表将自动调节空气温度稳定在指定值。

④ 在空气温度、流量稳定条件下,读取质量传感器的读数,测定支架质量并记录。

⑤ 把充分浸湿的干燥物料(帆布)固定在质量传感器 W1 上,与气流平行放置。注意:放置物料时不能用力过大,否则会使传感器受损。

⑥ 在系统稳定状况下开始记录干燥数据,每间隔 3min 读取物料质量,直至干燥物料的质量不再明显减轻为止(3min 内减少 0.1~0.2g)。

⑦ 开启新实验时,改变空气流量和空气温度,重复上述实验步骤并记录相关数据。

⑧ 实验结束时,先关闭加热电源,待干球温度降至常温后再关闭风机电源和总电源,一切复原。

8.6 实验注意事项

① 质量传感器的量程为 0~200g,精度比较高,所以在放置干燥物料时要轻拿轻放,避免影响质量传感器灵敏度。

② 开车时,一定要先开风机后开加热器开关,停车时则相反,避免干烧损坏加热器。

③ 干燥物料要保证充分浸湿但不能有水滴自由滴下,否则会影响实验数据的准确性。

④ 实验进行中不要随意改变智能仪表的设置,以免影响实验结果。

8.7 原始实验数据表

循环风洞道干燥实验数据记录及处理结果见表8-2。

表 8-2　循环风洞道干燥实验数据记录及处理结果

空气孔板流量计读数：　　　kPa		流量计处的空气温度 $t_0 =$　　　℃		
干球温度 t：　　　℃		湿球温度 $t_W =$　　　℃	框架质量 $G_D =$　　　g	
绝干物料量 $G_c' =$　　　g		干燥面积 $S =$　　　m^2	洞道截面积 =　　　m^2	

序号	累计时间 τ/min	总质量 G_T/g	干基含水量 X/(kg水/kg绝干物料)	平均干基含水量 X_{AV}/(kg水/kg绝干物料)	干燥速率 U/[10^{-4}kg/($m^2 \cdot$h)]
1					
2					
…					

8.8　实验报告要求

① 将实验数据和数据整理结果列在数据表中，并以其中一组数据为例写出详细计算过程(组员间选取不同数据计算)。

② 根据实验结果绘制出干燥曲线、干燥速率曲线，并得出恒定干燥速率、临界含水量、平衡含水量。

③ 计算出恒速干燥阶段物料与空气之间对流传热系数。

8.9　思考题

① 物料去湿的方法有哪些？本实验所用是哪种方法？

② 恒定干燥条件是指哪些条件要恒定？完成本实验要测取哪些数据？

③ 试分析空气流量或温度对恒定干燥速率、临界含水量的影响。

④ 如果空气流量和温度不同，干燥速率曲线有何变化？

附　　录

附录1　实验基本安全知识

化工原理实验作为一门高度实践导向的基础课程，其实验过程不可避免地会接触到一系列具有潜在危险特性的物质与化合物，包括但不限于易燃、强腐蚀性以及有毒性的材料。同时，实验还可能涉及在极端操作条件下进行，如高压、高温或高真空环境，这些条件对实验者的安全知识与操作技能提出了更为严苛的要求。此外，实验过程中还广泛涉及电气设备的操作与精密仪表的使用，这进一步增加了实验操作的复杂性和安全性挑战。因此，为了确保实验活动的顺利进行并有效达成既定目标，实验者必须深入掌握并严格遵循相关的安全知识与操作规程，以确保个人安全、设备完好及实验环境的稳定。

1.1　实验室安全消防知识

实验室内应依据实验性质、潜在火灾风险及安全规范，科学配置足量的消防器材，并定期检查、维护，确保其处于良好可用状态。实验人员需熟悉各类消防器材的存放位置，明确其在紧急情况下的作用及使用方法，严禁将消防器材挪作他用，以确保其随时可用。

1. 沙箱

作为针对特定火灾类型的辅助灭火工具，沙箱内干燥、纯净的沙子能够有效隔绝空气、降低火场温度，从而扑灭易燃液体、金属粉末等引起的不能用水直接扑灭的火灾。然而，鉴于其存沙量有限，沙箱更适用于初期小规模火源的扑救。此外，实验室可考虑配备其他不燃性固体粉末灭火剂，以应对不同火灾场景。

2. 干粉灭火器

该灭火器内部充装磷酸铵盐干粉和作为驱动力的氮气，能在拔掉保险销或拉起拉环后迅速喷出，有效扑救A类（固体物质）、B类（液体）、C类（气体）及带电器具的初起火灾。但需注意，干粉灭火器不适用于轻金属材料火灾，且使用时需靠近火源、选择好喷射目标，避免逆风操作导致干粉飘散。

3. 泡沫灭火器

手提式泡沫灭火器以其轻便、易操作的特点，成为实验室常用的灭火工具之一。其通过化学反应产生大量含二氧化碳的泡沫，覆盖于燃烧物表面形成隔绝空气的薄层，从而实现灭火。然而，泡沫的导电性限制了其在电线、电器设备火灾中的应用，在这类火灾中应用易引发触电事故。

4. 二氧化碳灭火器

专为电气火灾及精密仪器火灾设计的二氧化碳灭火器，通过释放高压二氧化碳气体能迅速降低火场氧气浓度，当空气中含有 30%～35% 的二氧化碳时，燃烧就会停止，达到灭火目的。使用时需旋开手阀，确保人员处于通风良好的环境，以防高浓度二氧化碳导致窒息。

1.2 实验室安全用电知识

化工原理实验中实验设备多样且部分设备具有较大的用电负荷，如综合传热和循环风洞道干燥实验的设备等，确保安全用电成为保障实验顺利进行及人员安全的关键环节。

1.2.1 前期准备与认知

① 熟悉电源布局。在实验开始前，每位实验人员必须清晰了解室内总电闸与各分电闸的具体位置，以便在紧急情况下能够迅速、准确地切断电源，避免事态扩大。

② 掌握设备信息。深入了解实验装置的整体构造、电气连接情况以及启动、停车与紧急停车的标准操作流程。特别是对于大型或高负荷设备，应熟悉其电气特性与安全规范。

1.2.2 操作规范与防护措施

① 保持手部干燥。在接触或操作任何电气设备时，确保双手干燥无汗，以防触电风险。严禁使用湿布擦拭带电设备，且确保无液体溅落在电气设备上。

② 规范维修流程。进行电气设备维修或更换保险丝等作业时，必须确保设备处于完全断电状态，并悬挂"禁止合闸"警示牌，防止误操作。

③ 电机启动检查。启动电动机前，应手动转动电机轴，确认无机械阻碍后迅速合闸，并立即观察电机运行状态。若发现电机未启动，应立即切断电源，排查原因，避免电机过热损坏。

④ 合理使用熔断丝。电源及电气设备上的熔断丝或保险管应严格按照额定电流标准配置，严禁私自增大规格，更不得用铜丝、铝丝等金属导体替代，以防短路时无法及时熔断，引发火灾等严重后果。

1.2.3 特定设备安全要点

① 电热设备操作。使用电热器时，需确保所有启动条件均已满足，如筛板精馏塔分离实验中，接通塔釜电热器之前确保釜内液面符合要求，塔顶冷凝器的冷却水已经打开；干燥实验中，接通空气预热器的电热器之前必须打开空气鼓风机；电热设备应放置于防火、隔热的专用平台上，远离易燃材料，防止火灾发生。

② 接地与绝缘。所有电气设备的金属外壳必须有效接地，定期检查接地连接是否牢固可靠，以消除静电积累及漏电隐患。同时，导线的接头应紧密无松动，裸露部分应妥善绝缘处理，使用高质量的绝缘材料进行包裹。

1.2.4 调节器使用与应急处理

① 调节器预置。若实验装置中设有电压或电流调节器，操作前必须确认其处于"零位"状态，以防接通电源时设备突然以最大功率运行，造成设备损坏或安全事故。

② 应对停电。实验过程中如遇停电，应立即切断实验装置的总电源，并妥善处理实验

材料，防止因突然来电导致的无人监控状态下设备误启动或安全事故。同时，做好实验数据的记录与保存工作，以便后续分析处理。

1.3 危险品安全使用知识

为了确保设备和人身安全，开展化工原理实验的人员必须深入掌握并严格遵守危险品的安全使用知识和规定。实验室内的危险品需依据其性质进行科学分类与合理存放，同时，针对不同类别的危险药品，需精准选用适宜的灭火剂，以免不当使用引发次生灾害。

易燃液体是指液体或液体混合物，或在溶液或悬浮液中含有固体的液体，其闭杯试验闪点不高于60℃或开杯试验闪点不高于65.6℃。此外，部分液体在运输过程中，若处于特定温度条件下，也可能被归类为易燃液体。这类物质极易挥发形成可燃蒸气，一旦蒸气达到特定浓度并遇明火即可迅速燃烧甚至爆炸。因此，操作时应：

① 严禁明火、远离电热源及其他高温设备。

② 存放时需单独隔离，避免与其他危险品混放。

③ 在筛板精馏塔分离等保留实验中，确保装置密封性良好，冷凝系统高效运行，实验室通风系统持续开启，以防易燃蒸气积聚。严格遵守操作规程，控制加热速率，避免液体急剧汽化导致容器破裂或闪燃爆炸。

1.4 高压气瓶安全使用知识

在化工原理实验中，高压气瓶作为储存各类压缩或液化气体的关键容器，其安全使用至关重要。这些气体种类繁多，既包括具有明显刺激性气味的如氨气、二氧化硫等易于察觉的气体，也涵盖无色无味但潜在有毒、易燃或易爆的气体，如色谱分析中常用的氢气，其室温下在空气中的爆炸极限广泛，体积分数介于4%～75.6%均可发生爆炸。因此，对于这类气体的处理，必须确保系统密封，尾气妥善排放至室外，并维持实验室良好的通风条件。

1.4.1 高压气瓶构造与安全要素

高压气瓶，作为承受高压的特殊容器，通常由高强度的筒体和精密设计的瓶阀组成，辅以安全帽、操作手轮及减震橡皮圈等附件，以增强使用过程中的安全性与稳定性。气瓶在使用时需连接减压阀与压力表，以精确控制气体输出压力，确保实验安全进行。合格的气瓶上应清晰标注制造商信息、生产日期、型号规格、质量、容积、工作压力、水压试验记录及下次检验日期等关键信息。

1.4.2 气瓶颜色标识与安全警示

为便于快速识别与区分不同种类的气体，各类气瓶表面均涂有特定颜色的油漆，这样不仅具有防锈功能，更重要的是提高了操作的直观性与安全性。例如，氧气瓶为浅蓝色，氢气瓶为暗绿色，氮气、压缩空气、二氧化碳及二氧化硫等气瓶则为黑色，氦气瓶为棕色，氨气瓶为黄色，氯气瓶为草绿色，乙炔瓶为白色，等等。

1.4.3 安全使用注意事项

① 防爆防漏。首要关注的是防止气瓶爆炸与气体泄漏。避免气瓶暴露于阳光直射处或

热源附近，以防内部压力骤升引发爆炸。同时，严禁可燃性气体与助燃性气体（如氢气与氧气）在同一空间内混合使用，两者间的安全距离应保持在10m以上，以防意外起火或爆炸。

② 稳固搬运。搬运气瓶时气瓶需佩戴安全帽与橡胶防震圈，轻拿轻放，防止摔落或碰撞。使用时应将气瓶牢固固定于指定位置，减少移动风险。

③ 避免污染。严禁气瓶表面，特别是气体出口与压力表区域沾染油脂或其他易燃性物质，以防燃烧事故发生。同时，禁用易燃材料如麻、棉等作为堵漏工具，以防燃烧引起事故。

④ 专用工具与规范操作。使用气瓶时，应配备与气体性质相匹配的气压表，并确保各类气压表不混用。根据气体性质（可燃性或非可燃性），选择正确的气门螺纹方向进行操作。根据 GB/T 15383—2011《气瓶阀出气口连接型式和尺寸》，可燃气体（如 H_2、C_2H_2）使用的瓶阀出口螺纹应是内螺纹（左旋）；不燃或助燃性气体（如 N_2 和 O_2）使用的瓶阀出口螺纹应是外螺纹（右旋）。

⑤ 减压阀与调节阀的必要性。连接减压阀或高压调节阀是安全使用气瓶的必要步骤，直接连接系统至气瓶存在极大风险。

⑥ 安全站位。开启气瓶阀门及调节压力时，操作人员应站在气瓶侧面，避免正对气体出口，以防气体意外喷射伤人。

⑦ 压力监控。保持气瓶内具有规定的剩余气体压力或剩余气体质量，以避免低压状态下的安全隐患及空气倒灌现象。

附录 2 常压下乙醇-水二元物系的气液平衡数据

液相组成/%		气相组成/%		沸点/℃	液相组成/%		气相组成/%		沸点/℃
质量分数	摩尔分数	质量分数	摩尔分数		质量分数	摩尔分数	质量分数	摩尔分数	
2.00	0.79	19.7	8.76	97.65	32.00	15.55	72.1	50.27	84.30
4.00	1.61	33.3	16.34	95.80	34.00	16.77	72.9	51.27	83.85
6.00	2.34	41.0	21.45	94.15	36.00	18.03	73.5	52.04	83.70
8.00	3.29	47.6	26.21	92.60	38.00	19.34	74.0	52.68	83.40
10.00	4.16	52.2	29.92	91.30	40.00	20.68	74.6	53.46	83.10
12.00	5.07	55.8	33.06	90.50	42.00	22.07	75.1	54.12	82.65
14.00	5.98	58.8	35.83	89.20	44.00	23.51	75.6	54.80	82.50
16.00	6.86	61.1	38.06	88.30	46.00	25.00	76.1	55.48	82.35
18.00	7.95	63.2	40.18	87.70	48.00	26.53	76.5	56.03	82.15
20.00	8.92	65.0	42.09	87.00	50.00	28.12	77.0	56.71	81.90
22.00	9.93	66.6	43.82	86.40	52.00	29.80	77.5	57.41	81.70
24.00	11.00	68.0	45.41	85.95	54.00	31.47	78.0	58.11	81.50
26.00	12.08	69.3	46.90	85.40	56.00	33.24	78.5	58.78	81.30
28.00	13.19	70.3	48.08	85.00	58.00	35.09	79.0	59.55	81.20
30.00	14.35	71.3	49.30	84.70	60.00	36.98	79.5	60.29	81.00

液相组成/%		气相组成/%		沸点/℃	液相组成/%		气相组成/%		沸点/℃
质量分数	摩尔分数	质量分数	摩尔分数		质量分数	摩尔分数	质量分数	摩尔分数	
62.00	38.95	80.0	61.02	80.85	80.00	61.02	85.8	70.29	79.50
64.00	41.02	80.5	61.61	80.65	82.00	64.05	86.7	71.86	79.30
66.00	43.17	81.0	62.52	80.50	84.00	67.27	87.7	73.61	79.10
68.00	45.41	81.6	63.43	80.40	86.00	70.63	88.9	75.82	78.85
70.00	47.74	82.1	64.21	80.20	88.00	74.15	90.1	78.00	78.65
72.00	50.16	82.8	65.34	80.00	90.00	77.88	91.3	80.42	78.50
74.00	52.68	83.4	66.28	79.85	92.00	81.83	92.7	83.26	78.30
76.00	55.34	84.1	67.42	79.72	94.00	85.97	94.2	86.40	78.20
78.00	58.11	84.9	68.76	79.65	96.00	89.41	95.57	89.41	78.15

附录 3　CO_2 水溶液的亨利常数

温度/℃	亨利常数 $E \times 10^{-5}$/kPa	温度/℃	亨利常数 $E \times 10^{-5}$/kPa
0	0.738	30	1.88
5	0.888	35	2.12
10	1.05	40	2.36
15	1.24	45	2.60
20	1.44	50	2.87
25	1.66	60	3.46

附录 4　实验常见故障

故　障	原　因	排 除 方 法
阻力		
倒 U 形管压差计不水平	管线内有气体	排气
倒 U 形管压差计液位始终上升	压差计排气阀漏气或连接件漏气	关紧阀门适当拧紧卡套
测阻力时流量大，阻力小	分流	检查切换阀门
倒 U 形管压差计一端液位位置不变	堵塞	检查测压点和管线阀门
启动泵后无流量	吸入口、压出口阀门未开	打开阀门
泵		
泵抽不上水	入口阀门关闭	打开入口阀门
	泵体有气体	排气
流量大、功率偏小	出口阀门关闭	打开出口阀门
	灌水阀门未关	关闭

故　　障	原　　因	排 除 方 法
传热		
蒸汽量不足	蒸汽发生器液位太低	补水
出口温度偏低(高)	电压太低(高)	待电压正常后再做实验
	测温器件位置不合理	将铂电阻置于管线中心
风机风量不足	风机吸入口堵塞	清洁吸入口
壁温升高(大于102℃)	放空阀关闭	打开放空阀
套管内存液过多	回流不好	检查回流管线
精馏		
加料加不进去	原料过少液位太低	配制原料液
	塔内有压力	打开放空阀冷凝
回流不畅	气阻	打开放空阀
塔顶冷凝器过热	冷量不够	加大冷却水量
上升蒸汽量太少	电压低	检查加热器电压
针头取料困难	针头堵塞	更换针头
吸收解吸实验		
空气量不足	风机吸入口堵塞，系统压力太大	清洁吸入口
水量不足	水压太小	检查流程是否堵塞
取样困难	喷淋头或吸收柱支撑网堵塞	加大水压
	阀门堵塞	清洁
安全阀放空	二氧化碳减压阀调压太高	调低压力
二氧化碳流量计进水	二氧化碳压力低	调高压力
	阀门切换错误	先开二氧化碳阀再开水阀
干燥		
床层不沸腾	物料太多	取出一些物料
	风量不够	检查风机及系统
温度控制失灵	仪表故障	检查仪表
干燥速度太慢	控温过低	提高温度
干、湿球温度相近	湿球温度计缺水	加水
AI 仪表		
设定值窗口闪动显示"or ALL"	信号超出量程	调整 DIL、DIH 参数
测量值零点漂移	零点校准问题	使用 Sc 参数调整
温度值显示不正常(几百)	信号线断路	检查信号线接头并连通
控制柜		
按钮启动，电机不运转	电路被保护切断	更换熔断器(保险)，检查空气开关、热继电器复位按钮并导通

附录 5

化工原理实验报告册

20　~20　　学年第　学期

学　　院　_____

专　　业　_____

班　　级　_____

姓　　名　_____

学　　号　_____

授课教师　_____

_____学院_____专业_____班 第____组

学号_____ 姓名_____ 实验日期_____ 教师评定_____

实验一 流体流动综合演示实验(雷诺实验)

1. 实验目的

2. 实验任务

3. 实验原理

4. 实验装置

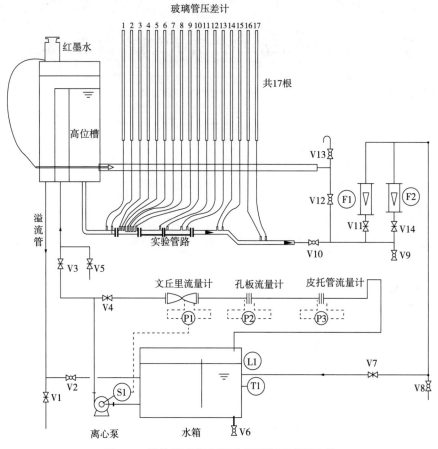

图 1-1　流体流动综合演示实验装置流程示意

T1—温度传感器；F1、F2—转子流量计；L1—液位计；P1、P2、P3—流量计压力表；V1—雷诺实验溢流下水阀；
V2、V7—回流水阀；V3—流量计实验上水阀、调节阀；V4—流量计实验控制阀、调节阀；
V5—雷诺实验高位槽上水阀；V6、V9—排水阀；V8—雷诺实验下水阀；V10—伯努利实验控制阀、调节阀；
V11、V14—流量调节阀；V12—雷诺实验控制阀、调节阀；V13—放空阀

5. 实验方法及步骤

6. 实验注意事项

7. 实验数据记录与处理

表 1-1　实验数据记录及实验现象记录

	实验管道长度 $L=$		管内径 $d_i=$		实验水温 $t=$		
序号	流量 $V_s/(\text{L/h})$	流量 $V_s\times10^5/(\text{m}^3/\text{s})$	流速 $u\times10^2/(\text{m/s})$	雷诺准数 $Re\times10^{-3}$	观察现象	流型	
1							
2							
3							
4							
5							
6							
7							

8. 实验数据处理过程

以一组数据为例的计算过程如下(同组的每位同学列举不同数据计算,在对应的数据表前标注):

9. 实验绘图

10. 结果分析与总结

11. 思考题

实验二　流体流动综合演示实验(能量转换实验)

1. 实验目的

2. 实验任务

3. 实验原理

4. 实验装置

实验装置具体导管管路见图 2-1。

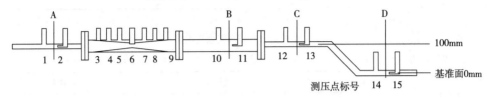

图 2-1　实验装置具体导管管路

5. 实验方法及步骤

6. 实验注意事项

7. 实验数据记录与处理

表 2-1　能量转换实验数据记录及处理结果

A 截面直径 $d_A =$ 　　mm;　　　　　B 截面直径 $d_B =$ 　　mm;

C、D 截面直径 $d_C = d_D =$ 　　mm;　　A 截面和 D 截面间垂直距离 $L =$ 　　mm;

D 截面中心距基准面为 $z_D =$ 　　mm;　　A、B、C 截面中心距基准面为 $z_A = z_B = z_C =$ 　　mm。

序号	冲压头/静压头	流量 $V_s =$		流量 $V_s =$		流量 $V_s =$	
		压强测量值 $z/\text{mmH}_2\text{O}$	压头 $P/\text{mmH}_2\text{O}$	压强测量值 $z/\text{mmH}_2\text{O}$	压头 $P/\text{mmH}_2\text{O}$	压强测量值 $z/\text{mmH}_2\text{O}$	压头 $P/\text{mmH}_2\text{O}$
1							
2							
3							
4							
5							
6							
7							
8							
9							
10							
11							
12							
13							
14							
15							
16							
17							

8. 实验数据处理过程

以一组数据为例的计算过程如下(同组的每位同学列举不同数据计算,在对应的数据表前标注):

9. 实验绘图

10. 结果分析与总结

11. 思考题

实验三 综合流体阻力实验

1. 实验目的

2. 实验任务

3. 实验原理

4. 实验装置

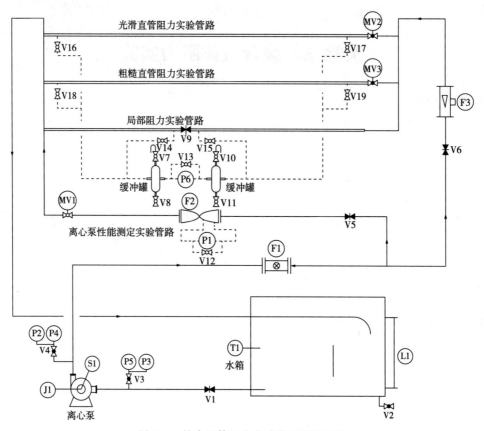

图 3-1　综合流体阻力实验装置流程示意

F1—涡轮流量计；F2—文丘里流量计；F3—金属浮子流量计；P1—文丘里流量计压差传感器；P2—离心泵出口压力传感器；P3—离心泵入口压力传感器；P4—离心泵出口压力表；P5—离心泵入口真空表；P6—压差传感器；T1—水箱温度传感器；J1—功率变送器；S1—变频器；V1—泵入口阀；V2—水箱放水阀；V3—泵入口压力表导压阀；V4—泵出口压力表导压阀；V5、V6—流量调节阀；V7、V10—放空阀；V8、V11—缓冲罐放水阀；V9—局部阻力管路被测阀门；V12—文丘里流量计导压阀；V13—压差传感器导压阀；V14、V15—局部阻力被测阀门压差导压阀；V16、V17—光滑管压差导压阀；V18、V19—粗糙管压差导压阀；MV1—电动球阀；MV2—光滑管电动开关球阀；MV3—粗糙管电动开关球阀；L1—液位计

5. 实验方法及步骤

6. 实验注意事项

7. 实验数据记录与处理

表 3-1　光滑管流体阻力测定实验数据记录及处理结果

管径：　　　　管长：　　　　液体温度：　　　　液体密度：　　　　液体黏度：

序号	流量 $V_s/(L/h)$	直管压强降 ΔP_f		$\Delta P_f/Pa$	流速 $u/(m/s)$	雷诺数 $Re \times 10^{-4}$	直管摩擦系数 $\lambda \times 10^2$
		kPa	mmH$_2$O				
1							
2							
3							
4							
5							
6							
7							
8							
9							
10							
11							
12							
13							
14							
15							

表 3-2 粗糙管流体阻力测定实验数据记录及处理结果

管径：   管长：   液体温度：   液体密度：   液体黏度：

序号	流量 $V_s/(L/h)$	直管压强降 ΔP_f		$\Delta P_f/Pa$	流速 $u/(m/s)$	雷诺数 $Re\times10^{-4}$	直管摩擦系数 $\lambda\times10^2$
		kPa	mmH$_2$O				
1							
2							
3							
4							
5							
6							
7							
8							
9							
10							
11							
12							
13							
14							
15							

表 3-3 局部阻力测定实验数据记录及处理结果(阀门 V9 全开和半开)

装置编号：   管径：   液体温度：
液体密度：   液体黏度：

序号	流量 $V_s/(L/h)$	近点压强降 $\Delta P_近/kPa$	远点压强降 $\Delta P_远/kPa$	流速 $u/(m/s)$	局部阻力压强降 $\Delta P'_f/kPa$	局部阻力系数 ζ
1 全开						
2 全开						
3 全开						
4 半开						
5 半开						
6 半开						

8. 实验数据处理过程

以一组数据为例的计算过程如下(同组的每位同学列举不同数据计算, 在对应的数据表前标注):

9. 实验绘图

10. 结果分析与总结

11. 思考题

实验四　离心泵性能测定实验

1. 实验目的

2. 实验任务

3. 实验原理

4. 实验装置

同实验二综合流体阻力实验装置图。

5. 实验方法及步骤

6. 实验注意事项

7. 实验数据记录与处理

表 4-1　离心泵特性曲线测定实验数据记录及处理结果

泵入口管径：　　　　泵出口管径：　　　　管路管径：

泵进出口高度：　　　　液体温度：　　　　液体密度：　　　　液体黏度：

序号	泵入口真空表 P5/MPa	泵出口压力表 P4/MPa	电机功率/ kW	流量 $Q/(m^3/h)$	扬程 H/m	N_e/W	泵轴功率 N/W	泵的效率 $\eta/\%$
1								
2								
3								
4								
5								
6								
7								
8								
9								
10								
11								
12								
13								
14								
15								

表 4-2　离心泵管路特性曲线测定实验数据记录及处理结果

泵入口管径：　　　　泵出口管径：　　　　管路管径：

泵进出口高度：　　　　液体温度：　　　　液体密度：　　　　液体黏度：

序号	电机频率/Hz	泵入口真空表 P5/MPa	泵出口压力表 P4/MPa	流量 $Q/(m^3/h)$	扬程 H/m
1					
2					
3					
4					
5					
6					
7					
8					
9					
10					
11					
12					
13					
14					
15					

表 4-3　文丘里流量计标定实验数据记录及处理结果

装置编号：　　　　　　　　文丘里孔径：　　　　　　　管路管径：
液体温度：　　　　　　　　液体密度：　　　　　　　　液体黏度：

序号	文丘里流量计压差 ΔP/kPa	流量 V_s/(m³/h)	流速 u/(m/s)	雷诺数 $Re \times 10^{-4}$	流量系数 $C_o \times 10$
1					
2					
3					
4					
5					
6					
7					
8					
9					
10					

8. 实验数据处理过程

以一组数据为例的计算过程如下（同组的每位同学列举不同数据计算，在对应的数据表前标注）：

9. 实验绘图

离心泵特性曲线，图内含管路特性曲线，并标绘工作点（文丘里流量计流量 V_s-ΔP_3 关系图和 C_0-Re 关系图）。

10. 结果分析与总结

11. 思考题

实验五　恒压过滤实验

1. 实验目的

2. 实验任务

3. 实验原理

4. 实验装置

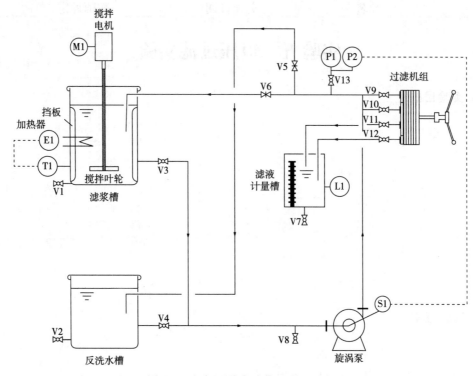

图 5-1 板框过滤实验装置流程示意

T1—温度计；P1—压力表；P2—压力传感器；S1—变频器；V1、V2、V7、V8—排液阀；

V3—滤浆出口阀；V4—反洗液出口阀；V5—反洗液回水阀；V6—料浆回水阀；V9—板框滤浆进口阀；

V10—板框反洗液进水阀；V11、V12—滤液出口阀；V13—压力表导压阀

5. 实验方法及步骤

6. 实验注意事项

7. 实验数据记录与处理

表 5-1　过滤实验数据记录及处理结果

序号	高度 H/mm	q/ (m^3/m^2)	$\bar{q}$/ (m^3/m^2)	0.05MPa		0.10MPa		0.15MPa	
				$\Delta\theta$/s	$\Delta\theta/\Delta q$	$\Delta\theta$/s	$\Delta\theta/\Delta q$	$\Delta\theta$/s	$\Delta\theta/\Delta q$
1									
2									
3									
4									
5									
6									
7									
8									
9									
10									

表 5-2　过滤实验物料特性常数、压缩指数数据

序号	斜率	截距	压差/Pa	$K\times10^{-5}$/(m^2/s)	$q_e\times10^2$/(m^3/m^2)	$\theta_e\times10^2$/s
1						
2						
3						

8. 实验数据处理过程

以一组数据为例的计算过程如下(同组的每位同学列举不同数据计算,在对应的数据表前标注):

9. 实验绘图

绘制 $\Delta\theta/\Delta q$ 与 $\bar{q}$ 曲线、ΔP 与 K 曲线图。

10. 结果分析与总结

11. 思考题

实验六　综合传热实验

1. 实验目的

2. 实验任务

3. 实验原理

4. 实验装置

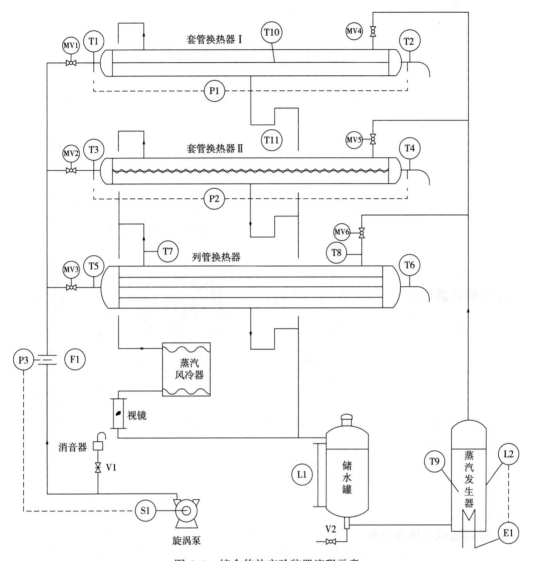

图 6-1 综合传热实验装置流程示意

MV1—套管Ⅰ空气进口阀(电动球阀)；MV2—套管Ⅱ空气进口阀(电动球阀)；

MV3—列管换热器空气进口阀(电动球阀)；MV4—套管Ⅰ蒸汽进口阀(电动球阀)；

MV5—套管Ⅱ蒸汽进口阀(电动球阀)；MV6—列管换热器蒸汽进口阀(电动球阀)，

V1—空气旁路调节阀；V2—排水阀；L1—储水罐液位计；L2—蒸汽发生器液位计；

T1、T2—套管Ⅰ空气进出口温度；T3、T4—套管Ⅱ空气进出口温度；

T5、T6 列管换热器空气进出口温度；T7、T8—列管换热器蒸汽进出口温度；

T9—蒸汽发生器温度；T10—套管Ⅰ传热管壁面温度；T11—套管Ⅱ传热管壁面温度；

F1—孔板流量计；S1—变频器；P1—套管Ⅰ阻力降；P2—套管Ⅱ阻力降；

P3—孔板流量计压差；E1—加热器

5. 实验方法及步骤

6. 实验注意事项

7. 实验数据记录与处理

表 6-1　实验数据原始记录及整理结果(套管换热器普通管)

序　号	1	2	3	4	5	6	7	8
空气流量计压差 $\Delta P/\text{kPa}$								
空气入口温度 $t_1/℃$								
$\rho_{t_1}/(\text{kg/m}^3)$								
空气出口温度 $t_2/℃$								
$t_W/℃$								
$t_m/℃$								
$\rho_{t_m}/(\text{kg/m}^3)$								
$\lambda_{t_m}\times10^2/[\text{W}/(\text{m}\cdot\text{K})]$								

序　号	1	2	3	4	5	6	7	8
$c_{pt_m}/[\mathrm{J}/(\mathrm{kg}\cdot\mathrm{K})]$								
$\mu_{t_m}\times10^5/(\mathrm{Pa}\cdot\mathrm{s})$								
$t_2-t_1/℃$								
$\Delta t_m/℃$								
$V_{t_1}/(\mathrm{m}^3/\mathrm{h})$								
$V_{t_m}/(\mathrm{m}^3/\mathrm{h})$								
$u/(\mathrm{m}/\mathrm{s})$								
Q/W								
$a_i/[\mathrm{W}/(\mathrm{m}^2\cdot℃)]$								
$Re\times10^{-4}$								
Nu								
$Nu/Pr^{0.4}$								

表 6-2　实验数据原始记录及整理结果(套管换热器强化管)

序　号	1	2	3	4	5	6	7	8
空气流量计压差 $\Delta P/\mathrm{kPa}$								
空气入口温度 $t_1/℃$								
$\rho_{t_1}/(\mathrm{kg}/\mathrm{m}^3)$								
空气出口温度 $t_2/℃$								
$t_W/℃$								
$t_m/℃$								
$\rho_{t_m}/(\mathrm{kg}/\mathrm{m}^3)$								
$\lambda_{t_m}\times10^2/[\mathrm{W}/(\mathrm{m}\cdot\mathrm{K})]$								
$c_{pt_m}/[\mathrm{J}/(\mathrm{kg}\cdot\mathrm{K})]$								
$\mu_{t_m}\times10^5/(\mathrm{Pa}\cdot\mathrm{s})$								
$t_2-t_1/℃$								
$\Delta t_m/℃$								
$V_{t_1}/(\mathrm{m}^3/\mathrm{h})$								
$V_{t_m}/(\mathrm{m}^3/\mathrm{h})$								
$u/(\mathrm{m}/\mathrm{s})$								
Q/W								
$a_i/[\mathrm{W}/(\mathrm{m}^2\cdot℃)]$								
$Re\times10^{-4}$								
Nu								
$Nu/Pr^{0.4}$								

表 6-3 列管换热器全流通数据记录

序号	空气流量计压差 $\Delta P/\text{kPa}$	空气进口温度 $t_1/℃$	空气出口温度 $t_2/℃$	蒸汽进口温度 $T_1/℃$	蒸汽出口温度 $T_2/℃$	体积流量 $V_t/(\text{m}^3/\text{h})$	换热器体积流量 $V_m/(\text{m}^3/\text{h})$	质量流量 $W_m/(\text{kg/s})$	空气进出口温差 $t_2-t_1/℃$	传热量 Q/W	对流传热系数 $K_0/[\text{W}/(\text{m}^2\cdot\text{s})]$
1											
2											
3											
4											
5											
6											

序号	空气入口密度 $\rho_{t_1}/(\text{kg/m}^3)$	进出口平均温度 $t_m/℃$	换热器空气平均密度 $\rho/(\text{kg/m}^3)$	$\Delta t_2-\Delta t_1/℃$	$\ln(\Delta t_2/\Delta t_1)$	$\Delta t_m/℃$	$\lambda_{t_m}\times100/[\text{W}/(\text{m}\cdot\text{s})]$	$c_{p_m}/[\text{kW}/(\text{kg}\cdot℃)]$	$\mu_{t_m}\times10^5/(\text{Pa}\cdot\text{s})$	换热面积 S_t/m^2	$u/(\text{m/s})$
1											
2											
3											
4											
5											
6											

表 6-4　列管换热器半流通数据记录

序号	空气流量计压差 $\Delta P/\text{kPa}$	空气入口密度 $\rho_{t_1}/(\text{kg/m}^3)$	空气进口温度 $t_1/℃$	空气出口温度 $t_2/℃$	进出口平均温度 $t_m/℃$	换热器空气平均密度 $\rho/(\text{kg/m}^3)$	蒸汽进口温度 $T_1/℃$	蒸汽出口温度 $T_2/℃$	体积流量 $V_{t_1}/(\text{m}^3/\text{h})$	换热器体积流量 $V_m/(\text{m}^3/\text{h})$	质量流量 $W_m/(\text{kg/s})$	空气进出口温差 $t_2-t_1/℃$	传热量 Q/W	对流传热系数 $K_0/[\text{W}/(\text{m}^2 \cdot \text{s})]$
1														
2														
3														
4														
5														
6														

序号	$\Delta t_2-\Delta t_1/℃$	$\ln(\Delta t_2/\Delta t_1)$	$\Delta t_m/℃$	$\lambda_{t_m}\times100/[\text{W}/(\text{m}\cdot\text{s})]$	$c_{p_m}/[\text{kW}/(\text{kg}\cdot℃)]$	$\mu_{t_m}\times10^5/(\text{Pa}\cdot\text{s})$	换热面积 S_t/m^2	$u/(\text{m/s})$
1								
2								
3								
4								
5								
6								

8. 实验数据处理过程

以一组数据为例的计算过程如下(同组的每位同学列举不同数据计算,在对应的数据表前标注):

9. 实验绘图

绘制实验准数关联图和空气进出口温度差随空气流量变化图。

10. 结果分析与总结

11. 思考题

实验七　填料塔吸收与解吸实验

1. 实验目的

2. 实验任务

3. 实验原理

4. 实验装置

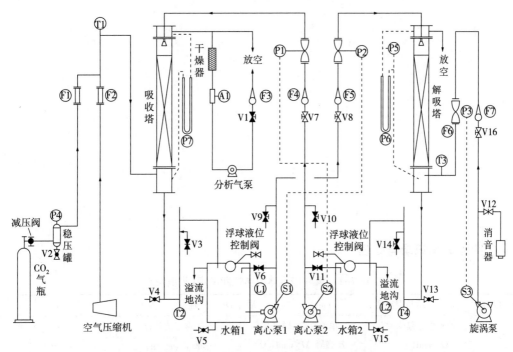

图 7-1　二氧化碳吸收与解吸实验装置流程示意

F1—二氧化碳质量流量计；F2、F7—空气质量流量计；F3—样品分析转子流量计；F4—吸收液转子流量计；

F5—解吸液转子流量计；F6—解吸气转子流量计；A1—二氧化碳浓度检测仪；P1、P2、P3—文丘里压差计；

P4—缓冲罐压力计；P5—解吸塔压差传感器；P6、P7—U 形管压差计；L1、L2—磁翻转液位计；

T1—吸收塔混合气体温度计；T2—吸收塔吸收液出口温度计；T3—解吸塔空气温度计；T4—解吸塔液体温度计；

V1—样品分析流量计流量调节阀；V2—稳压罐放液阀；V3、V9、V10、V14—取样阀；

V4、V5、V13、V15—放液阀；V6、V11—循环阀；V7—吸收液体流量调节阀；

V8—解吸液体流量调节阀；V12—离心泵 2 旁路调节阀；V16—解吸气体流量调节阀

5. 实验方法及步骤

6. 实验注意事项

7. 实验数据记录与处理

表 7-1 填料塔流体力学性能测定（干填料）

L=0L/h　　　　填料层高度 Z =　　m　　　　塔径 D =　　m

序号	填料层压强降 $\Delta P/mmH_2O$	单位高度填料层 压强降 $\Delta P/mmH_2O$	空气转子流量计 读数 $V/(m^3/h)$	空塔气速 $u/(m/s)$
1				
2				
3				
4				
5				
6				
7				
8				

表 7-2 填料塔流体力学性能测定（湿填料）

$L_1 =$　　L/h　　　　填料层高度 Z =　　m　　　　塔径 D =　　m

序号	填料层压强降 $\Delta P/mmH_2O$	单位高度填料层 压强降 $\Delta P/mmH_2O$	空气转子流量计 读数 $V/(m^3/h)$	空塔气速 $u/(m/s)$	操作现象
1					
2					
3					
4					
5					
6					
7					
8					

表 7-3　填料塔流体力学性能测定(湿填料)

$L_2 =$　　L/h　　　　填料层高度 $Z =$　　m　　　　塔径 $D =$　　m

序号	填料层压强降 $\Delta P/\text{mmH}_2\text{O}$	单位高度填料层压强降 $\Delta P/\text{mmH}_2\text{O}$	空气转子流量计读数 $V/(\text{m}^3/\text{h})$	空塔气速 $u/(\text{m/s})$	操作现象
1					
2					
3					
4					
5					
6					
7					
8					

表 7-4　填料塔传质实验数据表(大气压力 $P_0 = 1.013 \times 10^5 \text{Pa}$)

序号	名　称		实验数据
1	填料塔参数	填料陶瓷拉西环	
		填料层高度/m	
		填料塔直径/m	
2	CO_2 流量测定	CO_2 转子流量计读数 $V_{转}/(\text{m}^3/\text{h})$	
		填料塔气体转子流量计处温度 $t_1/℃$	
		CO_2 密度 $\rho_{CO_2}/(\text{kg/m}^3)$	
		CO_2 实际体积流量 $V_{CO_2实}/(\text{m}^3/\text{h})$	
3	空气流量测定	空气转子流量计读数 $V_{转}/(\text{m}^3/\text{h})$	
		空气密度 $\rho_{空气,t1}/(\text{kg/m}^3)$	
		空气实际流量 $V_{空气实}/(\text{m}^3/\text{h})$	
		空气流量 $V_{空气}/(\text{kmol/h})$	
4	水流量测定	水转子流量计读数 $L/(\text{L/h})$	
		水流量 $L_{\text{H}_2\text{O}}/(\text{kmol/h})$	
5	CO_2 浓度测定	$Ba(OH)_2$ 标准溶液浓度 $C_{Ba(OH)_2}/(\text{mol/L})$	
		$Ba(OH)_2$ 标准溶液体积 $V_{Ba(OH)_2}/\text{mL}$	
		盐酸标准溶液浓度 $C_{HCl}/(\text{mol/L})$	
		滴定塔底吸收液用盐酸标液体积 V_{HCl}/mL	
		塔底吸收液样品体积 $V_{溶液}/\text{mL}$	
		塔底液相浓度 $C_{A1}/(\text{kmol/m}^3)$	
		X_1	
		滴定塔顶吸收液用盐酸标液体积 V_{HCl}/mL	
		塔顶液相浓度 $C_{A2}/(\text{kmol/m}^3)$	
		X_2	

序号	名 称		实验数据
6	计算数据	吸收塔塔底液相温度 t_2/℃	
		亨利常数 $E\times10^8$/(Pa)	
		CO_2 溶解度常数 $H\times10^{-7}$/[kmol/(m³·Pa)]	
		Y_1	
		y_1	
		平衡浓度 C_{A1}^*/(kmol/m³)	
		Y_2	
		y_2	
		平衡浓度 C_{A2}^*/(kmol/m³)	
		$C_{A1}^*-C_{A1}$/(kmol/m³)	
		$C_{A2}^*-C_{A2}$/(kmol/m³)	
		平均推动力 ΔC_{Am}/(kmol/m³)	
		液相体积传质总系数 K_La/(m/s)	
		吸收率/%	

8. 实验数据处理过程

以一组数据为例的计算过程如下(同组的每位同学列举不同数据计算, 在对应的数据表前标注):

9. 实验绘图

10. 结果分析与总结

11. 思考题

_____学院_____专业_____班 第_____组

学号_____ 姓名_____ 实验日期_____ 教师评定_____

实验八　筛板精馏塔分离实验

1. 实验目的

2. 实验任务

3. 实验原理

4. 实验装置

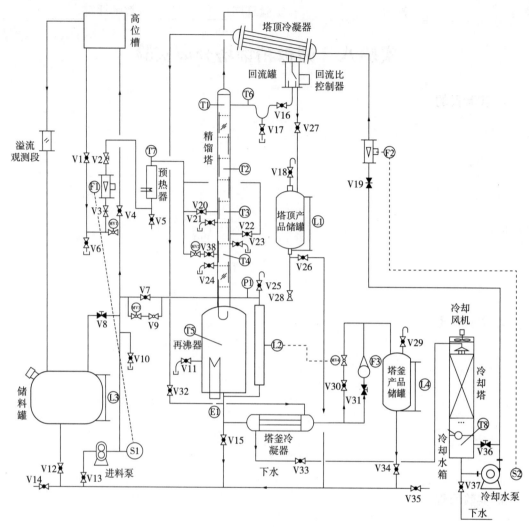

图 8-1　筛板精馏实验装置流程示意

T1~T8—温度计；L1~L4—液位计；F1、F2、F3—流量计；E1—加热器；P1—塔釜压力计；

MV1、MV2、MV3、MV4—电动调节球阀；V1—进料开关阀；V2、V3—进料调节阀；V4—高位槽进料阀；

V5、V6、V14、V28、V35—放液阀；V7、V9—进料阀；V8—进料控制阀；

V10、V11、V12、V17、V21、V23、V24—取样阀；V13—进口流量调节阀；V15、V26、V27、V34—出料阀；

V16—回流液量调节阀；V18、V25、V29—排气阀；V19、V32、V33、V36—冷却水调节阀；

V20、V22、V38—塔体间接进料阀；V30、V31—流量调节阀；V37—放水阀

5. 实验方法及步骤

6. 实验注意事项

7. 实验数据记录与处理

表 8-1　筛板精馏塔分离实验原始数据记录及处理结果

实际塔板数：　　　块　　　　　　　　实验物系：乙醇-水

项　　目	全回流 $R = \infty$		部分回流 $R =$ 　　　进料流量 =　　L/h 进料温度 $t =$ 　　℃		
	塔顶组成	塔釜组成	塔顶组成	塔釜组成	进料组成
$\rho_1 / (\text{g/mL})$					
$\rho_2 / (\text{g/mL})$					
质量分数					
摩尔分数					
全塔效率 $E_T / \%$					

8. 实验数据处理过程

以一组数据为例的计算过程如下(同组的每位同学列举不同数据计算，在对应的数据表前标注)：

9. 实验绘图

绘制全回流和部分回流时的塔板图解。

10. 结果分析与总结

11. 思考题

_____学院_____专业_____班　第_____组

学号_____　　姓名_____　　实验日期_____　　教师评定_____

实验九　循环风洞道干燥实验

1. 实验目的

2. 实验任务

3. 实验原理

4. 实验装置

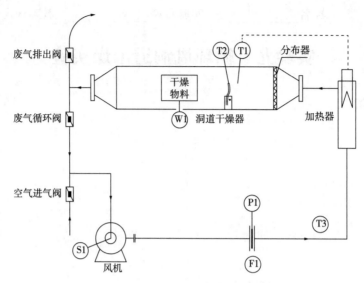

图 9-1   循环风洞道干燥实验装置流程示意

T1—湿球温度计；T2—干球温度计；T3—空气进口温度计；W1—质量传感器；
F1—孔板流量计；P1—压差传感器；S1—变频器

5. 实验方法及步骤

6. 实验注意事项

7. 实验数据记录与处理

表 9-1 干燥实验数据记录及整理结果

空气孔板流量计读数：___ kPa   流量计处的空气温度 t_o = ___ ℃
干球温度 t = ___ ℃   湿球温度 t_W = ___ ℃   框架质量 G_D = ___ g
绝干物料量 G_c = ___ g   干燥面积 S = ___ m^2 洞道截面积 = ___ m^2

序号	累计时间 τ/min	总质量 G_T/g	干基含水量 X/(kg$_{水}$/kg$_{绝干物料}$)	平均干基含水量 X_{AV}/(kg$_{水}$/kg$_{绝干物料}$)	干燥速率 U/10^{-4}[kg/(m$^2 \cdot$ s)]
1					
2					
3					
4					
5					
6					
7					
8					
9					
10					
11					
12					
13					
14					
15					
16					
17					
18					
19					
20					
21					
22					
23					
24					
25					

空气孔板流量计读数：　　　kPa　　　流量计处的空气温度 $t_o =$ 　　℃

干球温度 $t =$ 　　℃　　　湿球温度 $t_W =$ 　　℃　　框架质量 $G_D =$ 　　g

绝干物料量 $G_c =$ 　g　　　干燥面积 $S =$ 　　m^2　　洞道截面积 =　　m^2

序号	累计时间 τ/min	总质量 G_T/g	干基含水量 $X/(kg_水/kg_{绝干物料})$	平均干基含水量 $X_{AV}/(kg_水/kg_{绝干物料})$	干燥速率 $U/10^{-4}[kg/(m^2 \cdot s)]$
26					
27					
28					
29					
30					
31					
32					
33					
34					
35					
36					
37					
38					
39					
40					

8. 实验数据处理过程

以一组数据为例的计算过程如下（同组的每位同学列举不同数据计算，在对应的数据表前标注）：

9. 实验绘图

绘制干燥曲线和干燥速率曲线。

10. 结果分析与总结

11. 思考题